Fischer **ARCHITEKTUR IN MÜNCHEN SEIT 1900**

Gerd Fischer

ARCHITEKTUR IN MÜNCHEN SEIT 1900

EIN WEGWEISER

2., durchgesehene
und erweiterte Auflage 1994

1. Auflage 1990
2., durchgesehene und erweiterte Auflage 1994

Der Verlag Vieweg ist ein Unternehmen der Bertelsmann Fachinformation GmbH.

ISBN-13: 978-3-528-18741-5 e-ISBN-13: 978-3-322-84302-9
DOI: 10.1007/978-3-322-84302-9

Inhalt

Dank

Ich danke all jenen, die mich durch Hinweise und konstruktive Kritik unterstützt haben, insbesondere Friedrich Kurrent, Winfried Nerdinger und Klaus-Michael Wabnitz.

Mein ganz besonderer Dank gilt Fotomeister Georg Schardt (†), der in mühevoller Kleinarbeit auch von meinen weniger guten Aufnahmen brauchbare Fotos hergestellt hat. Ohne seine Unterstützung wäre dieses Buch so nicht entstanden.

Abbildungsnachweise

Fotos:

S. 15 Deutsches Theatermuseum (Nachlaß Hildegard Steinmetz)
S. 98 Adolf Schröter
S. 120 Siemens AG

Kartenmaterial:
Vermessungsamt der Stadt München

Hinweise zum Gebrauch

Die Reihenfolge der Bauwerke ist chronologisch nach dem Jahr der Fertigstellung. Die Numerierung bezieht sich sowohl auf den Kartenausschnitt (Maßstab 1 : 10.000) auf der Seite, auf welcher das jeweilige Bauwerk vorgestellt wird, als auch auf den Übersichtsplan (Maßstab 1 : 50.000) am Schluß des Buches. Die Gebäude sind mit ihrer ursprünglichen Benennung oder Nutzung bezeichnet. Zwischenzeitliche Umbenennungen oder Umnutzungen sind in der Kurzbeschreibung vermerkt. Die Anschrift dagegen entspricht der heute gültigen Adresse. Die auf Gebäudebezeichnung und Anschrift folgenden Namen sind die der Architekten. Die Literaturhinweise im Anschluß an die Baubeschreibungen sind in Kurzform angegeben. Ein ausführliches Bücherverzeichnis befindet sich am Schluß des Buches.

Vorwort

Einfachheit ist nicht Ende, sondern Vollendung.
(Constantin Brancusi)

Dieses Buch will auf Architektur aufmerksam machen und bezieht durch die Auswahl kritisch Stellung.
Nicht alles, was München baulich prägt, ist auch von architektonischer Bedeutung. Die Auswahl ist subjektiv, ein Anspruch auf Vollständigkeit besteht nicht. Bei über 160 000 Münchner Gebäuden kann dies auch nicht anders sein.
Bauwerke, die nur teilweise oder kaum noch dem Originalzustand entsprechen, blieben unberücksichtigt. Dazu gehören vor allem zwei Jugendstilgebäude, eine Villa in der Maria-Theresia-Straße (1898) und das Gebäude der *Allgemeinen Zeitung*, heute *Münchner Merkur*, in der Bayerstraße (1901), beide von Martin Dülfer. Das eine gilt als das erste[1], das andere galt vor dem als Vandalismus und Verbrechen bezeichneten Umbau (1929) als das bedeutendste Jugendstilgebäude Deutschlands.[2]
Die Reihenfolge der Bauwerke ist chronologisch und beginnt mit einem der ersten, noch erhaltenen Industriegebäude Münchens. Damit verbunden ist der architektonische Übergang vom Historismus zur Moderne in München.
Die Architektur überwindet die Ohnmacht des rein dekorativen Stilpluralismus und versucht den Anforderungen gerecht zu werden, welche die gesellschaftlichen, wirtschaftlichen und technischen Veränderungen des 19. Jahrhunderts mit sich brachten.
Daß sich diese Entwicklung nur an vereinzelten Bauwerken aufzeigen läßt, ist kennzeichnend für die traditionell abweisende Haltung der Münchner Gesellschaft gegenüber allem Neuen und deren Freude am schönen Schein[3], die bis heute die Architektur bestimmen.
Gerade gegen Ende des letzten Jahrhunderts galt München als führende Kunststadt in Deutschland[4] und war Ausgangsort neuer Kunstbewegungen, die aber ausgerechnet hier wenig Anerkennung fanden.
So ist die deutsche Benennung „Jugendstil" (französisch: „Art Nouveau", englisch: "Modern Style") für jene Kunstbewegung, die sich ebenso gegen die Nachahmung historischer Stilformen wie gegen den Formverfall industrieller Normteile wendete, von der erstmals 1896 in München erschienenen Zeitschrift *Jugend* abgeleitet, einer avantgardistischen *Wochenschrift für Kunst und Leben*, die jungen Künstlern Gelegenheit bot, ihre neuen Ideen darzustellen.
Die Mehrzahl der damals vom Ruf als Kunststadt angezogenen jungen Künstler verließ aber München wieder, weil ihre Tätigkeit in anderen deutschen Städten offensichtlich mehr geschätzt wurde.[5] So folgte Peter Behrens (1900) einer Berufung nach Darmstadt, Bernhard Pankok (1901) und Franz A. O. Krüger (1901) nach Stuttgart, Bruno Paul (1907) nach Berlin – alle vier waren 1898 Mitbegründer der

Vereinigten Werkstätten für Kunst im Handwerk –, Otto Eckmann (1897) und August Endell (1900) erhielten Berufungen nach Berlin, Martin Dülfer (1906) nach Dresden, um nur einige aus dem Bereich Kunstgewerbe und Architektur zu nennen.

Dies geschah, obwohl die damalige Entwicklung Münchens zur Großstadt eine große Anzahl von Bauaufgaben mit sich brachte und deshalb 1893 eigens ein „Stadterweiterungsbüro" geschaffen wurde, das verbindliche Baulinienpläne für den Ausbau der Stadt anfertigen sollte.[6] (München hatte um 1880 etwa 230 000, um 1890 etwa 350 000 und um 1900 etwa 500 000 Einwohner[7]; die Bebauung reichte um 1890 im Norden etwa bis zur Münchner Freiheit, im Süden bis zum Südbahnhof, im Westen bis zur Landshuter Allee und im Osten bis zum Ostbahnhof[8].) Doch sogar der Leiter dieses Stadterweiterungsbüros, Theodor Fischer, der durch die Ausarbeitung eines „Generalbaulinienplanes" (1897) und der damit verbundenen „Staffelbauordnung" (gültig von 1904 bis 1979) die städtebauliche Entwicklung Münchens geprägt hat, folgte 1901 einer Berufung nach Stuttgart und kehrte erst 1908 als Professor an die Technische Hochschule zurück. Hier wurden ihm dann aber nur noch wenige Bauaufgaben anvertraut.

Auch die Gründung des *Deutschen Werkbundes* (1907), zu der sich fortschrittlich denkende Künstler (Peter Behrens, Theodor Fischer, Josef Hoffmann, Bruno Paul, Bernhard Pankok, Richard Riemerschmid, Fritz Schumacher u. a.[9]), Kunsthandwerker und Industrielle in München versammelten[10], um dem zunehmenden Qualitätsverfall der Alltagskultur in Deutschland entgegenzuwirken, hatte keinen wesentlichen Einfluß auf das lokale Baugeschehen. Denn historisierende und malerische Stimmungsarchitektur entspricht eher dem altbayerischen Gemüt mit seinem Verlangen nach Ruhe und Beharrlichkeit und blieb deshalb die bevorzugte Bauweise.

Die Geringschätzung, die demgegenüber moderne Architektur bis heute in München erfährt, wurde bereits beim anfangs erwähnten Gebäude der *Allgemeinen Zeitung* deutlich. Die dort wegen des Umbaus geäußerte Kritik wäre auch angemessen für das 1937 von der Stadtverwaltung angeordnete Abschlagen der weltberühmten Jugendstilornamente am „Foto-Atelier Elvira" von August Endell (1898), weil die Fassade häßlich sei und das Straßenbild störe[11].

1947 schrieb der damalige Oberbürgermeister Karl Scharnagl in einer Stellungnahme zum kulturellen Leben Münchens, daß Robert Vorhoelzers Postbauten (vgl. Nr. 25, 37, 38, 39, 40, 41) „sehr eigenartige Bauschöpfungen" seien, „denen nicht ein dauernder Wert zugesprochen werden kann"[12]. Wen mag es da noch wundern, daß 1989 um den Erhalt des ehemaligen „Landesversorgungsamtes" (vgl. Nr. 61) von Hans und Wassili Luckhardt gekämpft werden muß, weil das Gebäude von den zuständigen Stellen als nicht erhaltenswert erachtet und zum Abbruch freigegeben wurde. . .

München, im Juni 1989

Gerd Fischer

Anmerkungen

1 Dieter Klein, Martin Dülfer. Wegbereiter der Deutschen Jugendstilarchitektur, München 1981, Bayerisches Landesamt für Denkmalpflege (Arbeitsheft 8), S. 109: „Villa Bechtolsheim – der erste deutsche Jugendstilbau"

2 Baukunst, Jahrgang 1930, S. 126: „Verbesserung oder Vandalismus"

3 Dekorative Kunst, Jahrgang 1911, S. 104: „München und die moderne Bewegung"

4 E. W. Bredt, München als Kunststadt, in: Die Kunst, hrsg. von Richard Muther, Berlin 1907

5 Deutsche Kunst und Dekoration, Jahrgang 1901/1902, S. 247: „Darmstadt, Stuttgart und München als Heim-Stätten moderner Gewerbekunst"

6 Winfried Nerdinger, Theodor Fischer. Architekt und Städtebauer 1862–1938, Berlin 1988, S. 22: „Der Städtebauer"

7 L. Hollweck, Was war wann in München. Stadtgeschichte in Jahresporträts, München 1972

8 Richard Bauer und Eva Graf, Stadt im Überblick. München im Luftbild 1890–1935, München 1986, S. 187: „Plan von München 1891"

9 Werk und Zeit, Jahrgang 1982, Heft 2, S. 6: „Einladung zur Gründungsversammlung eines Deutschen Kunstgewerbebundes in München am 5. und 6. Okt. 1907"

10 Deutsche Kunst und Dekoration, Jahrgang 1908, S. 166: „Gründung eines Deutschen Werkbundes"

11 Rudolf Herz und Brigitte Bruns, Hof-Atelier Elvira 1887–1928. Ästheten, Emanzen, Aristokraten, München 1985, Münchner Stadtmuseum, S. 43: „Von-der-Tannstraße 15. Zur Geschichte eines Hauses und seiner Straße"

12 Winfried Nerdinger (Hg.), Aufbauzeit. Planen und Bauen München 1945–1950, München 1984, S. 168: „Karl Scharnagl. Kampf um München"

Zur 2. Auflage

Bei den Bauwerken sind zwei Verluste zu beklagen, die zur Erinnerung jedoch im Buch verblieben sind:
das ehemalige *Landesversorgungsamt* von Hans und Wassili Luckhardt (Nr. 61) wurde, wie schon bei Redaktionsschluß der 1. Auflage zu befürchten war, noch 1989 abgebrochen. Es war das einzige Gebäude Münchens, das im *Lexikon der Weltarchitektur* von Pevsner, Fleming und Honour vertreten war;
die *Squashhalle* von Ralph und Doris Thut (Nr. 90) wurde aus kommerziellen Gründen und ohne Mitwirkung der Architekten für eine andere Nutzung umgebaut.

Neu hinzugekommen sind die Bauwerke Nr. 102, 104, 105, 106 und 107. Die Architekten-Biographien wurden ergänzt.

München, im Februar 1994 *Gerd Fischer*

1 **Wasser- und Dampfkraftwerk (Tivoli-Kraftwerk)**
Gyßlingstraße 12

1896

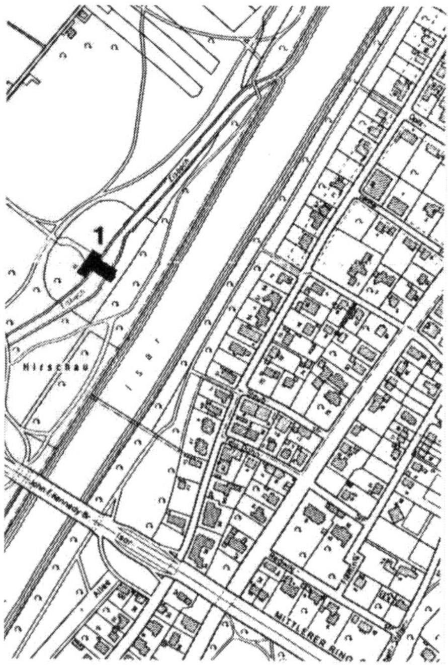

Das Gebäude wurde als Kraftzentrale, zur Stromerzeugung für die Lokomotivfabrik Maffei errichtet und bereits 1901 erweitert. Die doppelgiebelige Turbinenhalle (Foto), innen als Eisenskelettbau ausgeführt, steht auf einer Brückenkonstruktion über dem sogenannten Eisbach. Seitlich angefügt ist die Kesselhalle. Nach Anmeldung bei der Tivoli Handels- und Grundstücks AG ist eine Besichtigung des 1985 renovierten Gebäudes möglich.

Literatur:
Vom Glaspalast zum Gaskessel (1978), Die andere Tradition (1986)

Volksschule
Haimhauserstraße 23

Theodor Fischer

1898

Aufgrund der beengten Grundstücksverhältnisse ist die Schule einreihig um einen Lichthof angelegt. Die (insgesamt 26) „Lehrsäle“ mit jeweils drei Fenstern sind in der Straßenfassade (Foto) durch Giebelaufbauten hervorgehoben. Entsprechend ihrer speziellen räumlichen Anforderung sind die zwei übereinanderliegenden „Turnsäle“ vom Hauptgebäude abgesetzt und bilden gleichzeitig den Übergang zur angrenzenden Nachbarbebauung. Die Fenster entsprechen nicht mehr dem Originalzustand mit vielfacher Sprossenunterteilung.

2

Literatur:
München und seine Bauten (1912), Theodor Fischer (1988)

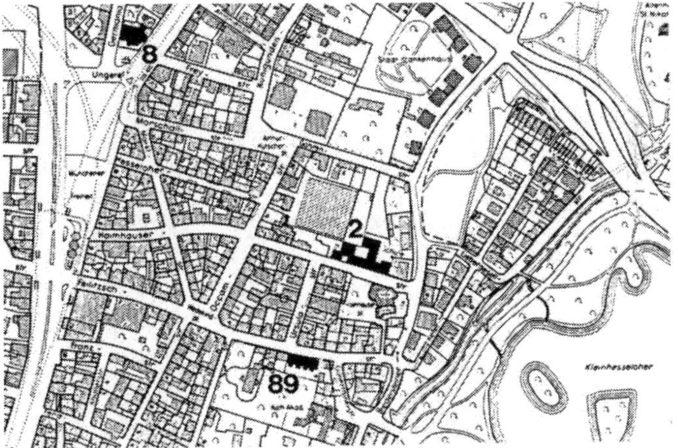

3 **Wohnhaus**
Lützowstraße 11

Richard Riemerschmid

1898

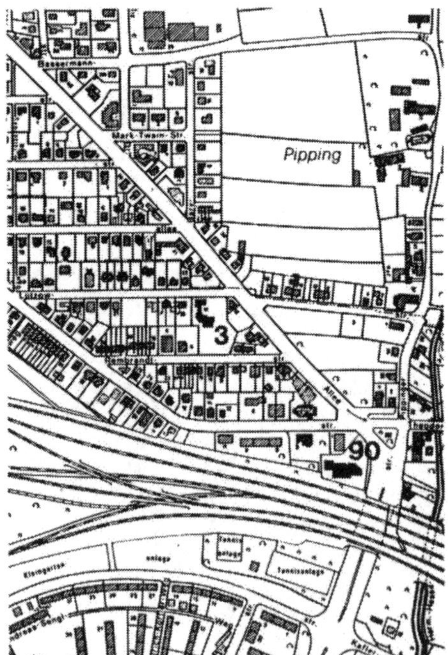

Das Privathaus von Richard Riemerschmid, Mitbegründer der „Vereinigten Werkstätten für Kunst im Handwerk" (1898) und des „Deutschen Werkbundes" (1907), wurde von ihm bereits 1907 durch einen Anbau mit neuen Küchen- und Wirtschaftsräumen erweitert. Durch die bauliche Verbindung mit dem gleichzeitig an der Lützowstraße errichteten Atelierhaus entstand ein dreiseitig umschlossener Hofraum. Richard Riemerschmid (1868–1957) war eigentlich ausgebildeter Kunstmaler und bezeichnete sich erst ab 1901 als Architekt.

Literatur:
Richard Riemerschmid (1982), Süddeutsche Bautradition im 20. Jahrhundert (1985), Die Meister des Münchner Jugendstils (1988)

4

Höhere Töchterschule und Gewerbeschule
Luisenstraße 7 und 9

Theodor Fischer

1901

Die Höhere Töchterschule (Foto) – heute Luisengymnasium – mit insgesamt 15 „Lehrsälen" ist einreihig um eine glasüberdeckte Aula angelegt, die als Turnhalle und als Festsaal genutzt wurde. Der ehemals farbig ausgestaltete Raum wurde nach der Zerstörung im Zweiten Weltkrieg nur vereinfacht wiederhergestellt. Die bereits ein Jahr zuvor errichtete Gewerbeschule für Bauhandwerker, Metallgewerbe und Bildhauer ist an der Rückseite angebaut. Die Gebäude wurden in den Jahren 1988–1991 innen und außen renoviert.

Literatur:
Süddeutsche Bauzeitung (1902, Heft 9), München und seine Bauten (1912), Theodor Fischer (1988)

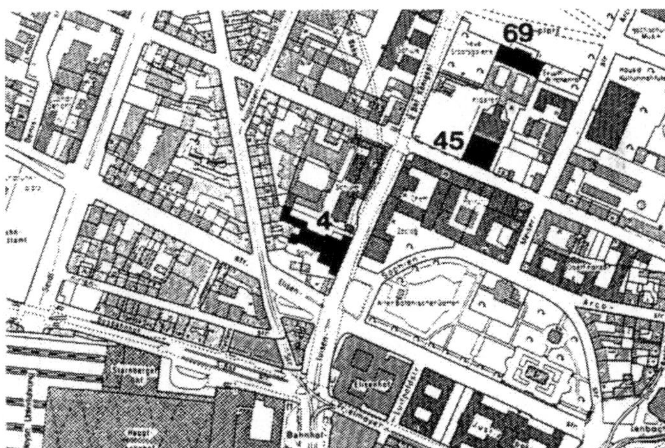

5 **Luitpoldbrücke (Prinzregentenbrücke)**
Prinzregentenstraße

Theodor Fischer

1901

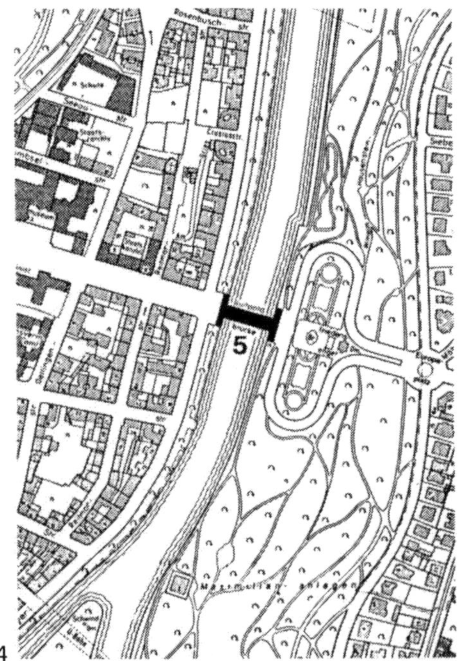

Das große Hochwasser im Jahre 1899 verbreiterte das Flußbett der Isar an dieser Stelle von 45 auf 65 Meter und zerstörte eine bis dahin erst sechs Jahre alte Eisenbrücke. Die neue Bogenbrücke wurde mit Hilfe eines Lehrgerüstes aus massiven Muschelkalkquadern gebaut. In den beiden Auflagern und im Scheitel sind Stahlgelenke angeordnet. Auf den Flügelmauern stellen vier Steinfiguren die Stämme Bayerns (Bayern, Schwaben, Franken und Pfalz) allegorisch dar. Die Konstruktion wurde in Zusammenarbeit mit der Baufirma Sager & Woerner entwickkelt.

Literatur:
Süddeutsche Bauzeitung (1901, Heft 40), Prinzregenten-Brücke München (1901), Moderne Bauformen (1906, Heft 5), München und seine Isarbrücken (1981), Theodor Fischer (1988)

6

Münchner Schauspielhaus
Maximilianstraße 26

Richard Riemerschmid

1901

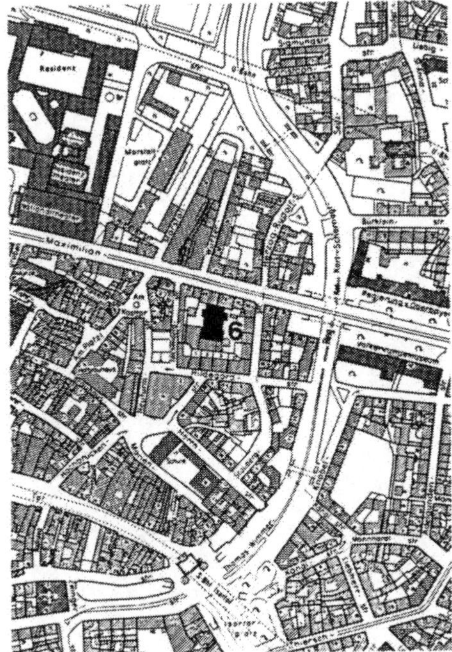

Das Theater mit 727 Sitzplätzen wurde im Auftrag der Brüder Karl und Arthur Riemerschmid in Zusammenarbeit mit der Baufirma Heilmann & Littmann gebaut und tritt durch seine Lage in einem Innenhof äußerlich kaum in Erscheinung. Die Ausgestaltung des einzigen, noch erhaltenen Jugendstiltheaters in Deutschland war der erste große baukünstlerische Auftrag für Richard Riemerschmid. Zwischenzeitlich baulich verändert, wurde die Innengestaltung im Jahre 1971 durch Reinhard Riemerschmid vollständig wiederhergestellt.

Öffnungszeiten: Foyer Mo–Fr 10–18 Uhr, Sa+So 10–13 Uhr

Literatur:
Süddeutsche Bauzeitung (1901, Heft 20), Bauen in München 1890–1950 (1980), Richard Riemerschmid (1982)

7 **Volksschule**
Elisabethplatz 4

Theodor Fischer

1901

Die Errichtung einer Schule als städtebaulicher Bezugspunkt zeigt die Bedeutung der Erziehung seit dem Wirken des Schulreformers Georg Kerschensteiner (1854–1932) in München. Mit der Einfügung eines niedrigen Turnsaalgebäudes zwischen zwei Flügelbauten wurde eine von Karl Hocheder an anderer Stelle entwickelte Ecklösung aufgegriffen. Die innere Organisation mit der alternierenden Anordnung von (insgesamt 30) „Lehrsälen" mit jeweils drei Fenstern und Garderoben oder Treppenhäusern mit jeweils einem Fenster ist in der Fassade durch Giebel und Erker ablesbar. Heute befindet sich dort eine Berufsschule.

Literatur:
Süddeutsche Bauzeitung (1903, Heft 25), München und seine Bauten (1912), Bauen in München 1890–1950 (1980), Theodor Fischer (1988)

Evangelische Erlöserkirche
Ungererstraße 13

Theodor Fischer

1902

8

Zur Entstehungszeit befand sich die Kirche am Stadtrand Münchens und war mit ihrem Turm viel mehr als heute ein städtebaulicher Bezugspunkt in der Achse Ludwig- und Leopoldstraße. Der rechteckige Kirchenraum mit halbrunder Apsis liegt als Platzabschluß quer hinter dem Hauptportal und ist von einer farbig bemalten Holzbalkendecke überspannt. Das gleichzeitig errichtete Pfarrhaus ist durch einen Gang mit der Kirche baulich verbunden und vervollständigt den Eindruck einer gewachsenen Anlage nach romanischem Vorbild.

Öffnungszeiten: Mo–Fr 9–17 Uhr, Sa 9–12 Uhr

Literatur:
Süddeutsche Bauzeitung (1902, Heft 41), München und seine Bauten (1912), Bauen in München 1890–1950 (1980), Theodor Fischer (1988)

9 **Max-Joseph-Brücke**
Tivolistraße

Theodor Fischer

1902

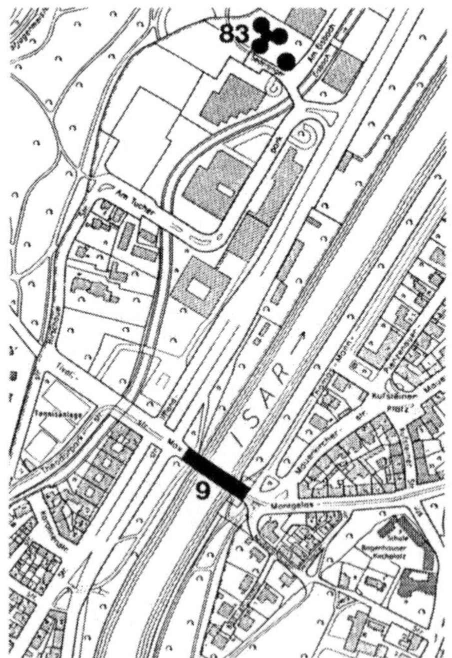

Die 1876 an dieser Stelle errichtete Eisenbrücke wurde bereits einen Tag vor der Luitpoldbrükke (Nr. 5) vom Hochwasser des Jahres 1899 zerstört und wie diese durch eine Dreigelenkbogen-Konstruktion ersetzt. Die Aufständerung der Fahrbahn auf dem massiven Muschelkalkbogen blieb hier jedoch unverkleidet. An den Brückenköpfen sind die vier Elemente Feuer, Wasser, Luft und Erde durch jeweils eine Steinfigur allegorisch dargestellt. Die Konstruktion wurde in Zusammenarbeit mit der Baufirma Sager & Woerner entwickelt.

Literatur:
Moderne Bauformen (1906, Heft 5), München und seine Isarbrücken (1981), Theodor Fischer (1988)

10

Geschäftshaus
Theatinerstraße 38

Max Littmann

1903

Das Haus wurde für eine Linoleum- und Tapetenhandlung (Franz Fischer & Sohn) in Skelettbauweise errichtet und hatte damals einen zweigeschossigen Verkaufsraum mit großflächig verglaster Schaufensterzone, die inzwischen vollkommen verändert ist. Die jugendstilmäßig geschwungene, aber mit klassizistischen Ornamenten verzierte Fassade weicht mit den beiden Eingängen hinter die Bauflucht zurück und stellte dadurch die Auslagen, die in einem erkerartigen Schaufenster von drei Seiten zu begutachten waren, in den Vordergrund.

Literatur:
Süddeutsche Bauzeitung (1904, Heft 33), Max Littmann (1931), Bauen in München 1890–1950 (1980)

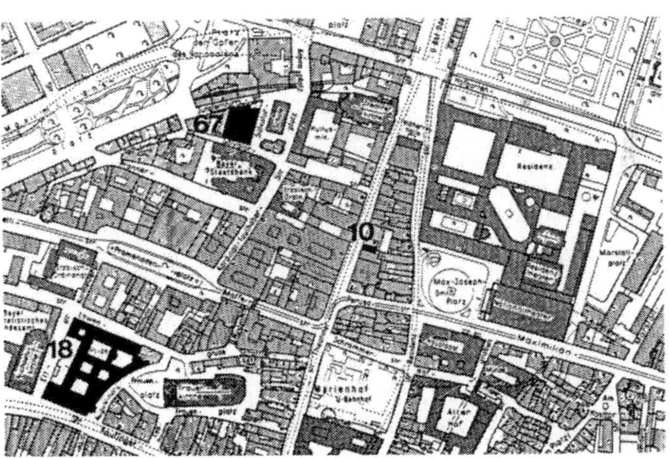

11 **Verlagsgebäude**
Sendlinger Straße 80

Max Littmann

1905

Das Verlagshaus für die „Münchner Neueste Nachrichten" wurde überwiegend aus Eisenbeton hergestellt und außen mit Muschelkalkplatten bekleidet. Die breiteren Fensterpfeiler im ersten Obergeschoß und die darüberliegende Brüstung waren mit Bildhauerarbeiten geschmückt. Ein Teil der Redaktionsräume war von den „Vereinigten Werkstätten für Kunst im Handwerk" gestaltet. Im Zweiten Weltkrieg schwer beschädigt, wurde das Gebäude für die neugegründete „Süddeutsche Zeitung" ohne die Ornamentierung und mit weniger Fenstersprossen wiederhergestellt.

Öffnungszeiten: Mo–Fr 8–17 Uhr

Literatur:
Süddeutsche Bauzeitung (1906, Heft 36), Moderne Bauformen (1906, Heft 5), Max Littmann (1931)

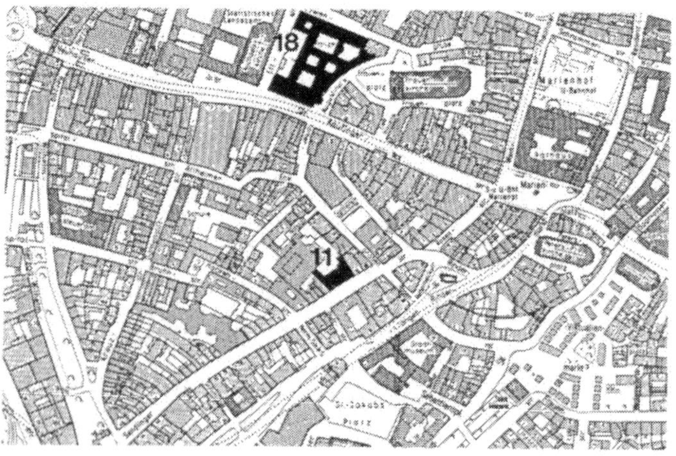

Königliche Anatomie
Pettenkoferstraße 11

Max Littmann

1908

12

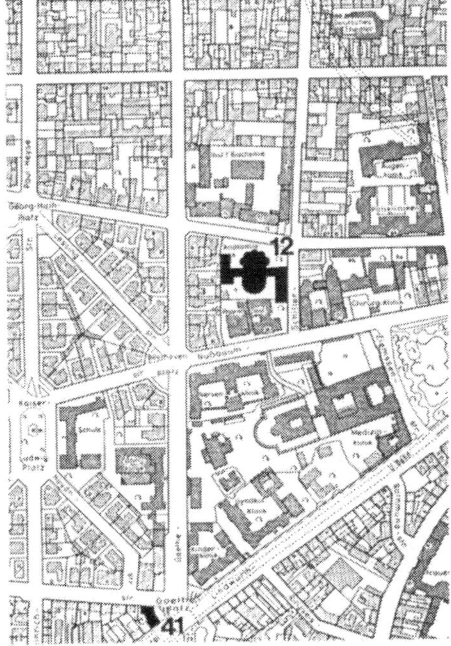

Nach der Patentierung von „Beton mit Eiseneinlage" (Erfindung des französischen Gärtnereibesitzers Joseph Monier) im Jahre 1867 wurde das neue Baumaterial in München erstmals bei diesem Gebäude gestalterisch konsequent verwendet. Der Klarheit der räumlichen Organisation im Inneren folgend, ist der reine Betonbau auch äußerlich unverkleidet. Den Mittelpunkt bildet ein zweckentsprechend ausgebildeter Präpariersaal (Foto) mit halbrundem Mittelraum für den Dozenten und fünf apsidenförmig angefügten Arbeitsräumen für die Studenten.

Literatur:
Süddeutsche Bauzeitung (1908, Heft 12), Max Littmann (1931), Bauen in München 1890–1950 (1980), Die andere Tradition (1986)

13 **Wohnanlage**
Stadtlohner Straße

Theodor Fischer

1909–1911

Die Konzeption der Anlage ist geprägt von der angestrebten Mischung unterschiedlicher sozialer Schichten und besteht aus neun Geschoßwohnungsbauten (zwei, drei bzw. vier Zimmer, Küche, Bad, WC) und acht Reiheneinfamilienhäusern (fünf bzw. sieben Zimmer, Küche, Bad, WC), die in Häuserzeilen zusammengefaßt sind. Die Ausstattung sämtlicher Wohnungen mit Gas und Elektrizität – die Einfamilienhäuser erhielten zusätzlich Warmwasserheizung – war für damalige Verhältnisse außergewöhnlich komfortabel. Auftraggeber war die Terraingesellschaft Neuwestend.

Literatur:
Theodor Fischer – Wohnhausbauten (1911), München und seine Bauten (1912), Denkmäler in Bayern – München (1985), Theodor Fischer (1988)

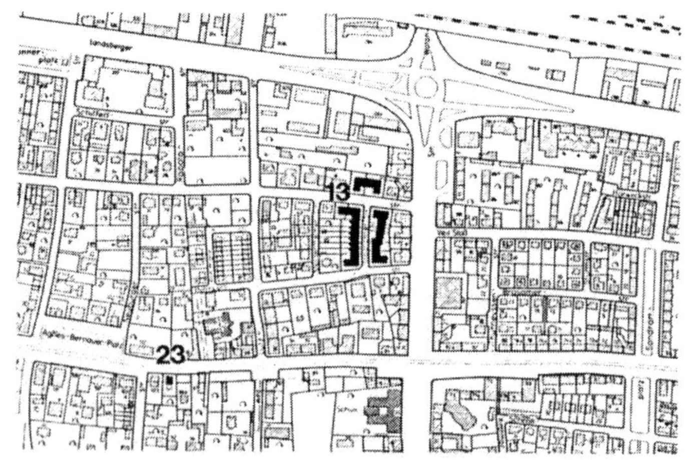

Wohnsiedlung
Barbarastraße

Beetz mit Besold

1909–1916

Die Siedlung wurde als sozialer Wohnungsbau für Bedienstete des „Bekleidungsamtes" der Bayerischen Armee errichtet und besteht aus 16 „Kleinwohnungshäusern" (1909, Foto oben) mit zwei, drei oder vier Wohnungen (zwei bzw. drei Zimmer, Küche, „Waschküche mit Badeeinrichtung", WC, Ofenheizung), jeweils mit Vor- und Nutzgärten, sowie zwei Geschoßbauten (1916, Foto unten). Damals außerhalb Münchens angelegt, zeigt die Siedlung Übereinstimmungen mit der englischen Gartenstadtbewegung, aufbauend auf die in Ebenezer Howards Buch „To-morrow: A Peaceful Path To Real Reform" (1898) entwickelten Ideen.

14

Literatur:
München und seine Bauten (1912), Denkmäler in Bayern – München (1985)

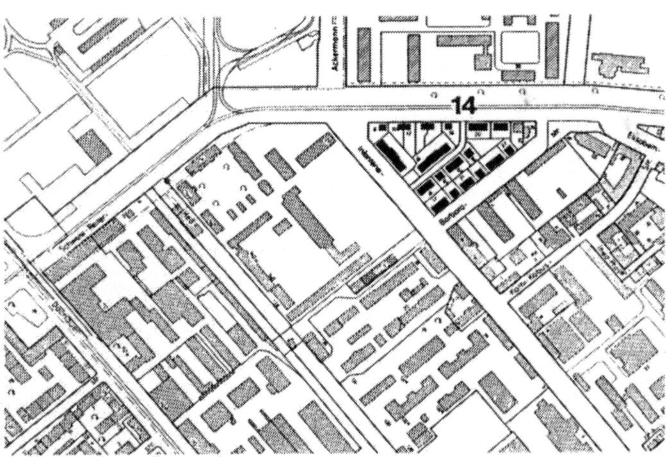

15 Wohnanlage
Gunzenlehstraße

Theodor Fischer

1911

Die „Kleinwohnhauskolonie" wurde im Auftrag der Bauhandwerksgesellschaft Neu-Westend gebaut und besteht aus 44 Reiheneinfamilienhäusern und einem „Wirtschaftsblock" mit Gaststätte, zwei Läden und sechs Wohnungen, der den Mittelpunkt der nur zum Teil ausgeführten Gesamtanlage bilden sollte. Durch die Kombination von acht verschiedenen Haustypen (vier bzw. fünf Zimmer, Wohnküche, Waschküche mit Bad und WC) mit unterschiedlicher Dach- und Fassadengestaltung gleicht keine Hauszeile der anderen. Insbesondere Fenster und Haustüren einiger Reihenhäuser entsprechen nicht mehr dem Originalzustand.

Literatur:
Theodor Fischer – Wohnhausbauten (1911), Theodor Fischer (1988)

Großmarkthalle
Thalkirchner Straße 81

Richard Schachner

1911

16

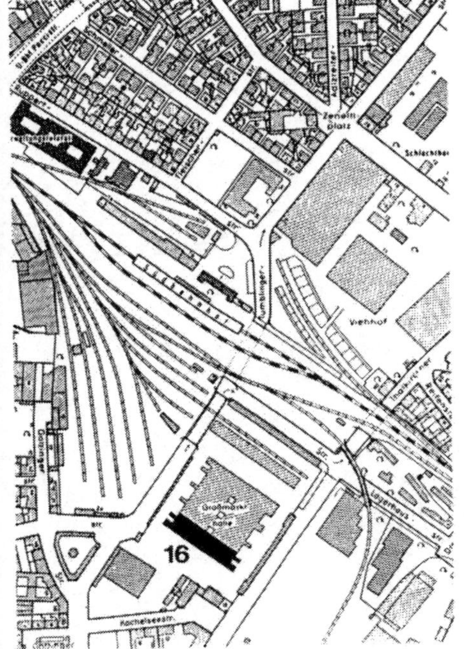

Von vier Hallen, die durch niedrigere Zwischenbauten verbunden sind, ist nur noch eine (Foto) unverändert erhalten. Das außen verputzte, aber vollkommen ornamentlose Gebäude gehört zu den ersten nach ausschließlich funktionalen und konstruktiven Gesichtspunkten ausgeführten Bauwerken der modernen Architektur. Die Konstruktion aus gestaffelten Eisenbeton-Rahmenbindern ist im Innenraum das bestimmende gestalterische Element.

Öffnungszeiten: Mo–Sa 5.30–12.30 Uhr

Literatur:
Süddeutsche Bauzeitung (1911, Heft 24), Vom Glaspalast zum Gaskessel (1978), Bauen in München 1890–1950 (1980), Die andere Tradition (1986)

17 Hauptzollamt
Landsberger Straße 124

Hugo Kaiser

1912

Der Eisenbeton-Skelettbau, bestehend aus Zollhalle mit Lagerfläche in sieben Stockwerken (Foto oben), Schalterhalle (Foto unten), Revisionshalle und Bürotrakt, wurde als Teil einer Gesamtanlage mit Technischer Prüfungs- und Lehranstalt (1910), sowie drei Beamtenwohngebäuden errichtet. Zur technischen Ausstattung gehörten eine Staubabsaug-, Rohrpost-, Lüftungs- und elektrische Uhranlage, mehrere Aufzüge, sowie zentrale Dampfheizung.

Im Zweiten Weltkrieg schwer beschädigt, wurde die Anlage zwischen 1976 und 1987 mit einigen inneren Veränderungen wiederhergestellt.
Öffnungszeiten: Mo–Fr 8–16 Uhr

Literatur:
Die Zollneubauten an der Landsbergerstraße (1912), Bauen in München 1890–1950 (1980)

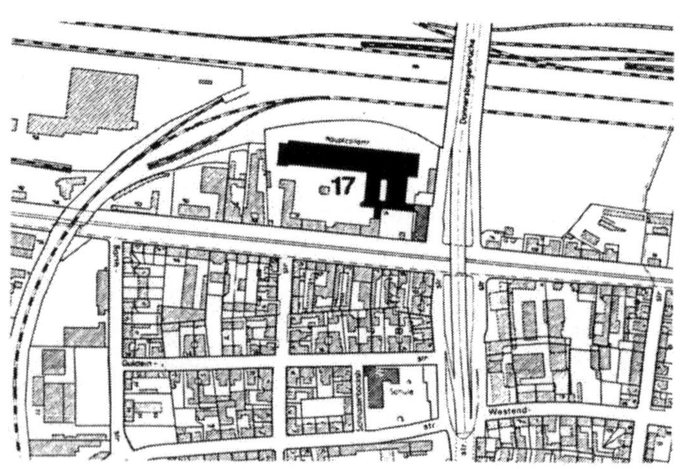

Polizeidirektion
Ettstraße 2

Theodor Fischer

1914

18

Neben der Unterbringung von Dienstwohnungen und einer Vielzahl von Abteilungen mit unterschiedlichsten räumlichen Anforderungen und Verbindungen forderte der Architektenwettbewerb im Jahre 1909 auch eine Einbeziehung der seit der Säkularisation zweckentfremdeten und vom Verfall bedrohten Augustinerkirche. Umriß und Baumasse der Gebäudegruppe stimmen weitgehend mit dem ehemaligen Augustinerkloster an dieser Stelle überein. Die Krümmung des Gebäudes an der Augustinerstraße (Foto) entspricht wiederum dem Verlauf der ältesten Umwallung Münchens.

Literatur:
Theodor Fischer-Öffentliche Bauten (1922), Bauen in München 1890–1950 (1980), Theodor Fischer (1988)

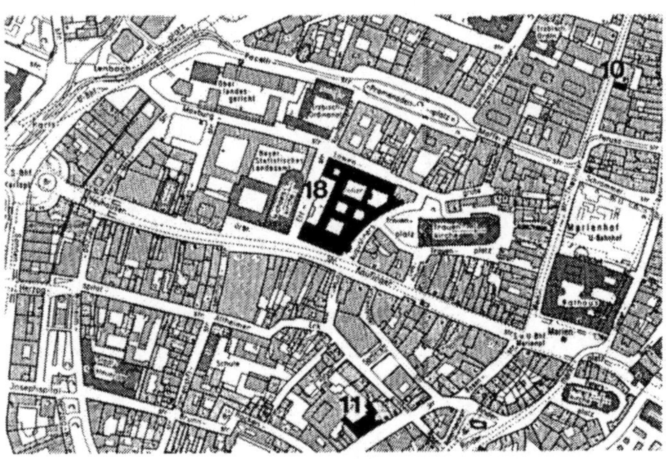

19 Höhere Mädchenschule
Oselstraße 21

Richard Riemerschmid

1914

Von einer im Auftrag der Evangelischen Mädchenschulverwaltung geplanten Anlage mit Schule und Pensionstrakt wurde schließlich nur das Schulhaus gebaut, das bis auf die Eingangstür nahezu unverändert erhalten ist. Heute befindet sich dort eine öffentliche Grundschule, die 1964 durch einen Erweiterungsbau wesentlich vergrößert wurde.

Literatur:
München und seine Bauten nach 1912 (1984), Richard Riemerschmid (1982)

20

Wohnanlage
Zielstattstraße

Theodor Fischer

1919–1927

Durch die Entwicklung zum Zeilenbau ist bei dieser „Kleinwohnungsanlage" eine klare Trennung der verschiedenen Wohnungstypen in Geschoßbauten (ein, zwei bzw. drei Zimmer, Wohnküche, WC; Foto links) mit gemeinsamer Waschküche und Bad im Keller, sowie Reiheneinfamilienhäuser (Architekt: Paul Wenz, Foto rechts) vollzogen. Wegen des damaligen Baustoffmangels konnte mit großer Verzögerung lediglich etwa ein Viertel der ursprünglichen Gesamtplanung (456 Wohnungen) verwirklicht werden. Auftraggeber war der Verein für Verbesserung der Wohnungsverhältnisse in München.

Literatur:
Zentralblatt der Bauverwaltung (1919, Nr. 68), Denkmäler in Bayern – München (1985), Theodor Fischer (1988)

21 **Wohnsiedlung Alte Heide**
Fröttmaninger Straße

Theodor Fischer

1919–1927

Wegweisend für den Siedlungsbau der zwanziger Jahre, ist bei dieser „Kleinwohnungsanlage" die Zeilenbauweise in größerem Umfang konsequent angewendet. Von den geplanten 767 einfach ausgestatteten Arbeiterwohnungen mit überwiegend 48 oder 60 qm Wohnfläche (zwei bzw. drei Zimmer, Wohnküche, WC, „Laube") konnten etwa 600 und das „Konsumgebäude" (mit Kochschule) bis 1920 gebaut werden. Politische und wirtschaftliche Krisen verzögerten die Fertigstellung mit gemeinschaftlichem „Centralbad" und „Kleinkinderschule" bis 1927. Die Freiflächen zwischen den Häuserzeilen werden bis heute weitgehend als Mietergärten genutzt.

Literatur:
Zentralblatt der Bauverwaltung (1919, Nr. 69), Die Zwanziger Jahre in München (1979), Denkmäler in Bayern-München (1985), Theodor Fischer (1988)

21

Israelit. Friedho
Kleingartenanlage
21
Schule
100
Nordfriedhof

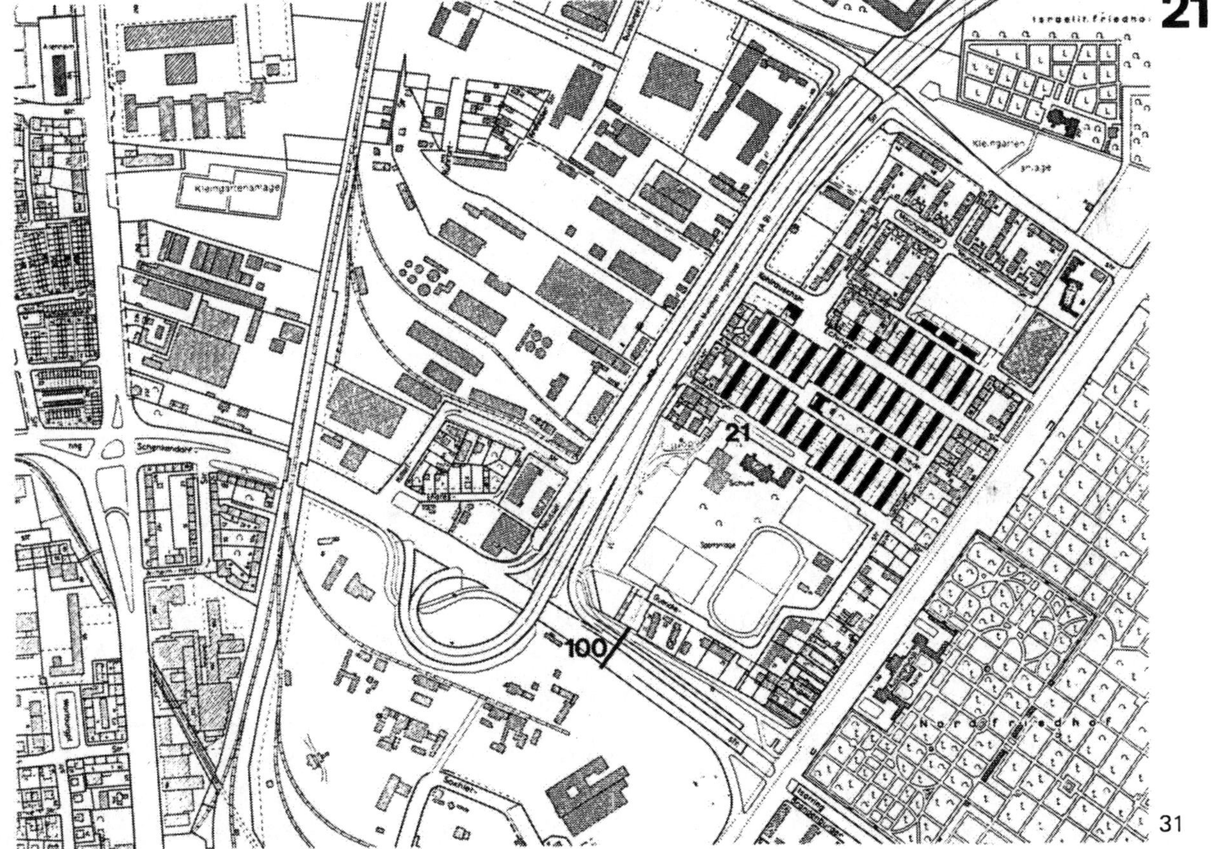

22 **Wohnsiedlung Borstei**
Dachauer Straße

Bernhard Borst mit Oswald Bieber

1924–1929

Die Siedlung umfaßt 773 Wohnungen mit 46 bis 110qm Wohnfläche (zwei, drei bzw. vier Zimmer, Küche, Bad, WC) für den „bürgerlichen Mittelstand", mit Warmwasser- und Wärmeversorgung durch eine Heizzentrale, eine Wäscherei, einige heizbare (!) Garagen, ein Café und eine Ladenzeile (Foto unten) mit 14 Geschäften, für die „ungeordnete und marktschreierische Reklame" bis heute untersagt ist. Bis auf die ersten sechs Häuser wurde auf den Bau von Loggien wegen der „Art der Verwendung derselben durch die Mieter" verzichtet. Die Siedlung ist auf privater Initiative von Bernhard Borst entstanden.

Literatur:
Baukunst (1929, Heft 4 + 5), Baukunst (1931, Heft 11 + 12), Die Zwanziger Jahre in München (1979), München und seine Bauten nach 1912 (1984), Die Borstei (1987)

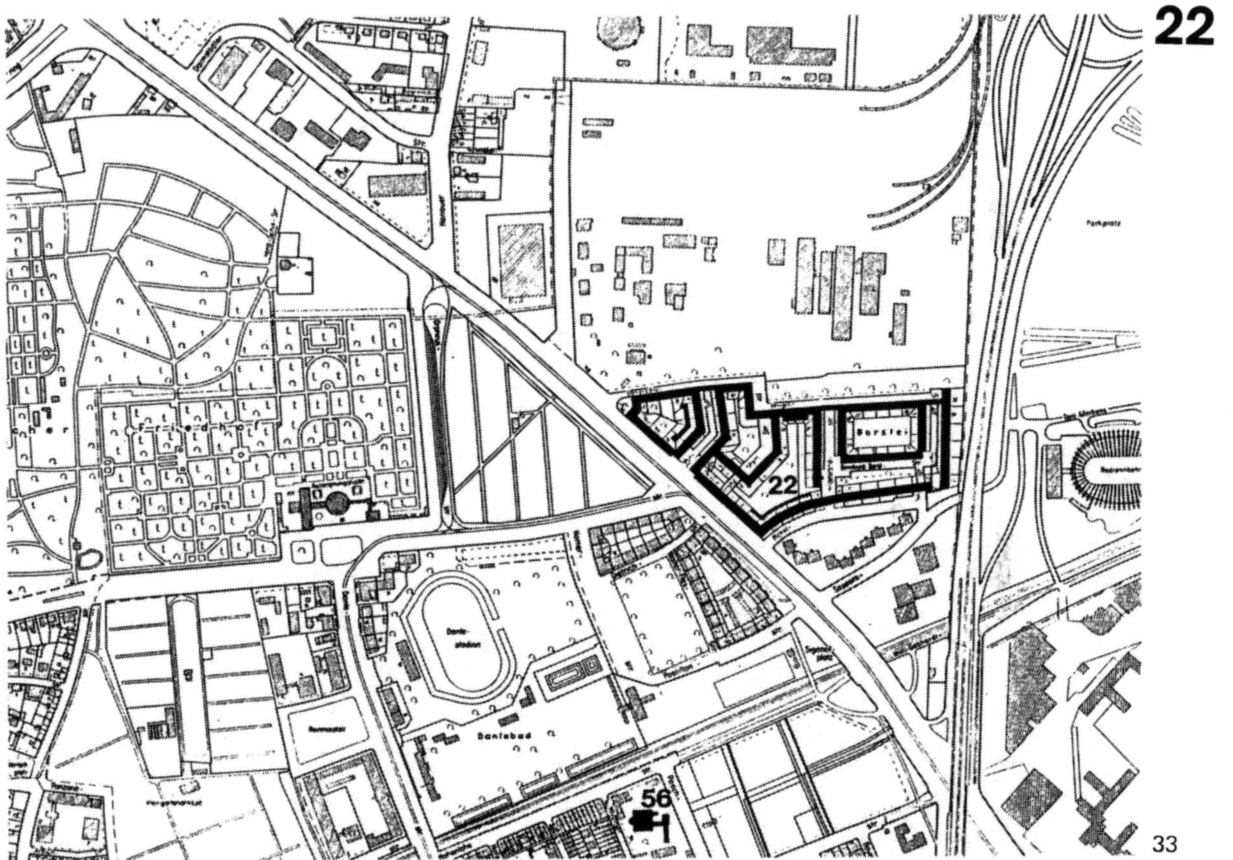

Friedhof
Borstei
22
56
Dantebad

23 Wohnhaus

Agnes-Bernauer-Straße 101

Bruno Paul

1926

Als Mitbegründer der „Vereinigten Werkstätten für Kunst im Handwerk" (1898) und des „Deutschen Werkbundes" (1907) war für Bruno Paul (1874–1968) der Bau dieses Einfamilienhauses im Auftrag seines Schwagers eine umfassende Gestaltungsaufgabe: Von der Haus- und Gartenplanung über Möbel und Leuchten bis zum Türknauf und Hausnummernschild wurde alles eigens von ihm entworfen. Das Gebäude wird inzwischen anders genutzt, ist aber bis auf die Einrichtungsgegenstände nahezu unverändert erhalten.

Literatur:
Die Zwanziger Jahre in München (1979), Bruno Paul (1992)

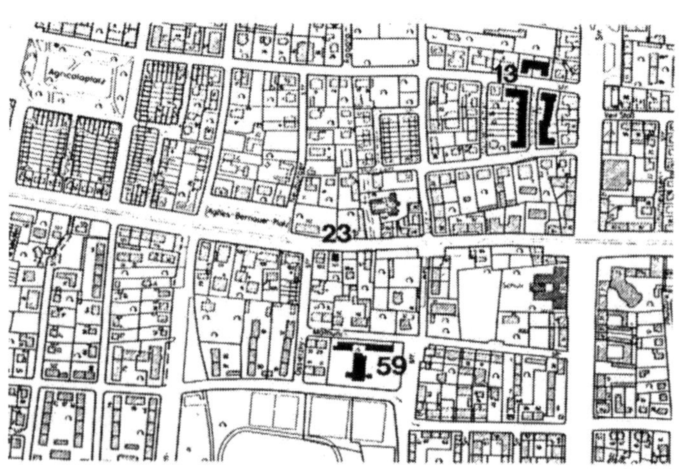

Evangelische Waldkirche
Kreuzwinkelstraße (Planegg)

Theodor Fischer

1926

Mit diesem Bau verwirklichte Theodor Fischer seine Idealvorstellung einer Predigerkirche. Im achteckigen Kirchenraum umschließen ansteigende Sitzreihen die Kanzel und den mittig angeordneten Altar. Die Brüstungsfüllungen der umlaufenden Empore sind nach Art fränkischer Landkirchen bemalt. Im Anbau mit dem Glockenturm befinden sich die Sakristei und ein Gemeinderaum, der lediglich durch eine bewegliche Trennwand vom Kirchenraum getrennt ist.

Öffnungszeiten: Pfarramt Mo, Mi-Fr 9–12 Uhr

24

Literatur:
Die Zwanziger Jahre in München (1979), Theodor Fischer (1988)

25 Paketpostzustellamt
Arnulfstraße 62

Robert Vorhoelzer mit Walther Schmidt, Franz Holzhammer

1927

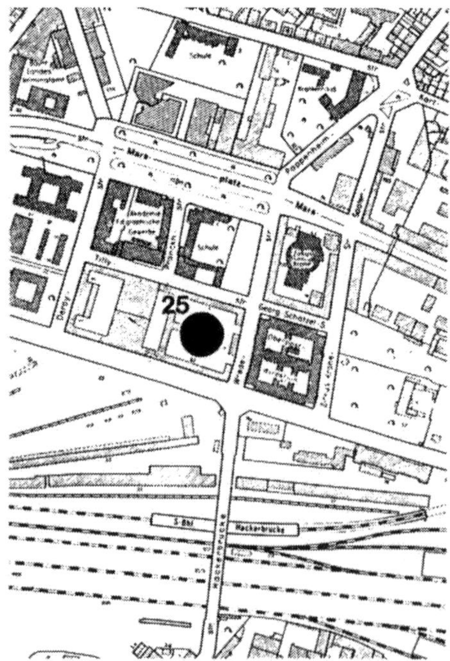

Die zentrale Verteilungsanlage (Foto) von Paketen für das gesamte Stadtgebiet ist der Mittelpunkt einer Gesamtanlage mit Garagen und Werkstätten für den Kraftpostbetrieb, sowie Büroräumen in der seitlichen Randbebauung. Entsprechend seiner Funktion wurde das Gebäude kreisrund konzipiert. Seit 1985 ist es renoviert und dient als Betriebskantine. Eine Besichtigung ist nach Anmeldung vor Ort möglich.

Literatur:

Baumeister (1927, Heft 4), Amtsbauten (1949), Die Zwanziger Jahre in München (1979), Bauen in München 1890–1950 (1980), Die andere Tradition (1986), Robert Vorhoelzer (1990)

26

Ledigenheim
Bergmannstraße 35

Theodor Fischer

1927

Das Heim für männliche, ledige Arbeiter ist aufgrund einer Privatinitiative entstanden und hat in den Obergeschossen 324 Einzelräume mit „fließend Wasser" für dauernde, sowie 93 Einzelräume mit gemeinschaftlichen Waschräumen für vorübergehende Belegung. Im Erdgeschoß befinden sich unter anderem Krankenzimmer, Speise- und Aufenthaltsräume, Läden, eine „alkoholfreie Wirtschaft", eine „Bierwirtschaft für Heiminsassen" und eine „öffentliche Wirtschaft".

Das Gebäude erregte besonders wegen der Verwendung von Sichtmauerwerk öffentliche Kritik.

Literatur:
Baumeister (1927, Heft 6), Deutsche Bauzeitung-Hauptblatt (1928, Heft 1+2), Die Zwanziger Jahre in München (1979), Bauen in München 1890–1950 (1980), Theodor Fischer (1988)

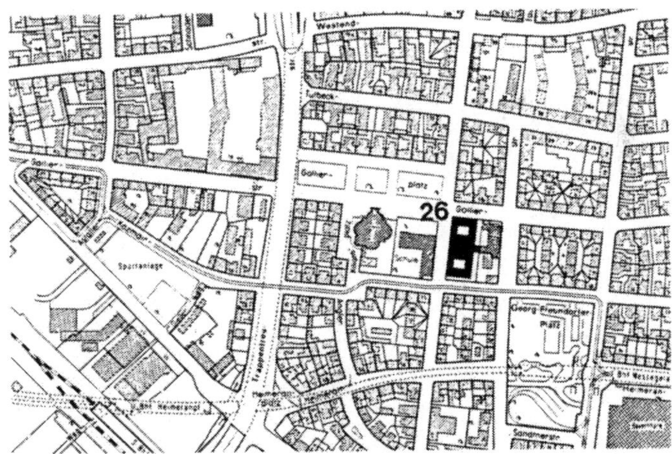

27 Bayerisches Landesamt für Maß und Gewicht

Franz-Schrank-Straße 9

Karl Badberger

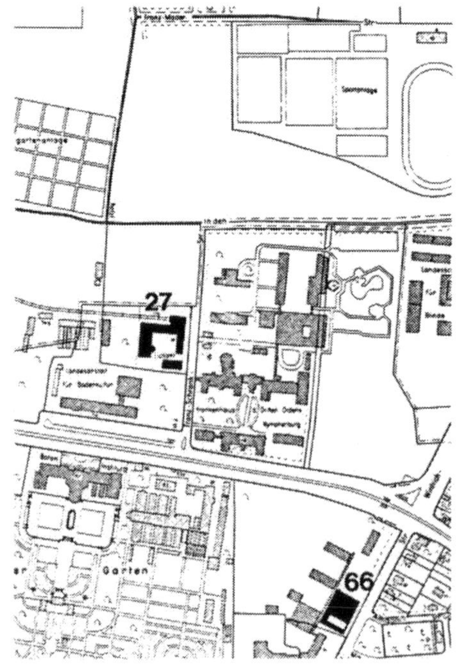

Neben Büroräumen sind in dem Gebäude vor allem verschiedenartigste Laboratoriums- und Werkräume untergebracht, um sämtliche zum Wiegen und Messen vorgesehenen Geräte und Behälter eichen zu können. Im Turm ist für Druckprüfungen eine Wassersäule installiert, die von einem darüberliegenden Behälter gespeist wird. Besonders schwere und große Lasten können über einen Gleisanschluß direkt in eine Halle gefahren und dort entladen werden.

Öffnungszeiten: Mo–Fr 9–15 Uhr

Literatur:
Baukunst (1928, Heft 9), Die Zwanziger Jahre in München (1979), Bauen in München 1890–1950 (1980), München und seine Bauten nach 1912 (1984)

Verwaltungsgebäude
Blumenstraße 28b

Hermann Leitenstorfer

1929

Dem Bau ging im Jahre 1921 ein Architektenwettbewerb für ein „Technisches Rathaus" voraus, in dem alle technischen Ämter der Stadt München untergebracht werden sollten. In dieser Zeit wurde der Bau von Hochhäusern in Deutschland erstmals diskutiert. Aus dem siebengeschossigen Wettbewerbsvorschlag wurde aus Gründen der Wirtschaftlichkeit schließlich ein Gebäude mit zwölf Stockwerken. Als Personenaufzug ist ein umlaufender „Paternoster" eingebaut.

Heute befinden sich in dem Gebäude die Abteilungen Stadtplanung und Lokalbaukommission.
Öffnungszeiten: Mo–Fr 6–18 Uhr

28

Literatur:
Deutsche Bauzeitung (1934, Heft 27), Die Zwanziger Jahre in München (1979), Bauen in München 1890–1950 (1980), München und seine Bauten nach 1912 (1984)

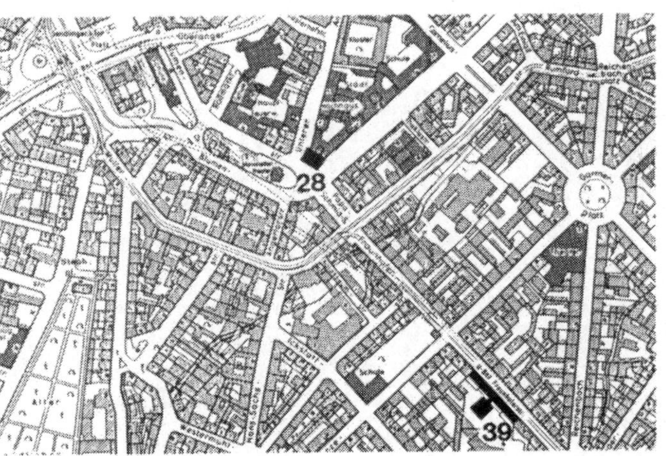

29 Verwaltungsgebäude

Leopoldstraße 28

Jakob Pfaller

1929

Das Gebäude der Rhein-Main-Donau AG wurde als Mauerwerksbau ausgeführt. Die Fassade mit gleichmäßiger Fensteranordnung ist sowohl im Hinblick auf die vom Auftraggeber geforderte Sparsamkeit als auch in bezug auf die Nutzung (überwiegend Büroräume) zweckentsprechend einfach gestaltet. Der kubisch wirkende Baukörper hat ein flach geneigtes Dach, dessen Ansatz von einer leicht nach außen gewölbten Attika verdeckt ist. 1960 wurde der rückwärtige Bauteil aufgestockt und ein Erweiterungsbau angefügt.

Literatur:
Baukunst (1930, Heft 4), Die Zwanziger Jahre in München (1979), München und seine Bauten nach 1912 (1984)

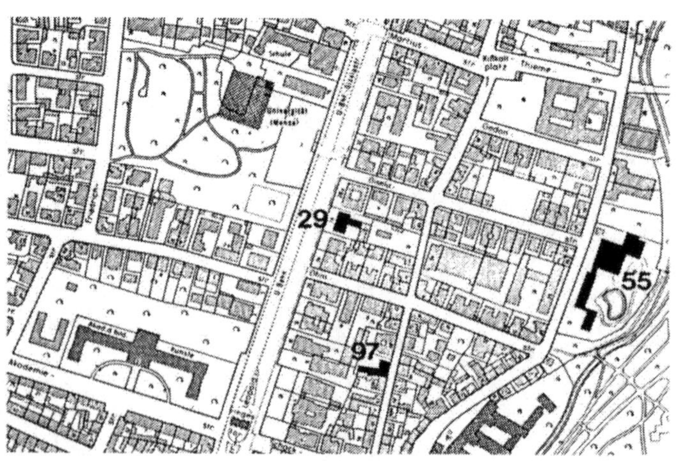

Funkhaus Deutsche Stunde in Bayern
Rundfunkplatz 1

Richard Riemerschmid

1929

30

Der inzwischen in „Bayerischer Rundfunk" umbenannte Sender, begann seinen Betrieb 1924 in Behelfsräumen des Verkehrsministeriums. Als Ergebnis eines beschränkten Architektenwettbewerbs entstand dieses Gebäude mit Büro- und Senderäumen, sowie einem Wohngeschoß, das nach Zerstörung im Zweiten Weltkrieg und anschließender provisorischer Wiederherstellung 1979 durch zwei neue Stockwerke mit Büroräumen ersetzt wurde (Architekten: Helmut von Werz, Johann C. Ottow, Michel Marx und Erhard Bachmann).

Literatur:
Die Zwanziger Jahre in München (1979), Richard Riemerschmid (1982), München und seine Bauten nach 1912 (1984), Süddeutsche Bautradition im 20. Jahrhundert (1985)

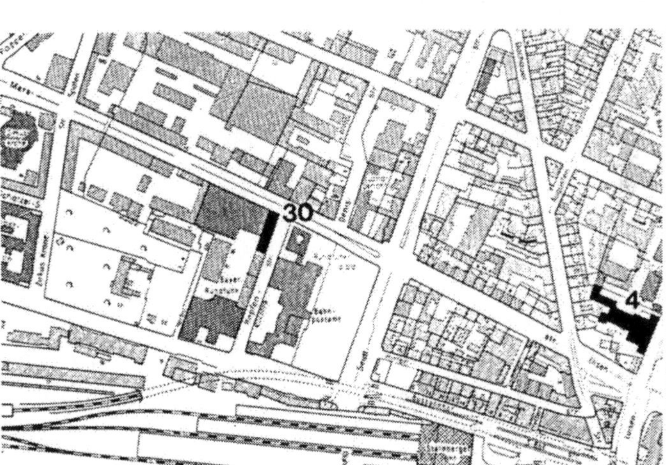

31 Wohnsiedlung Neuharlaching
Naupliastraße

Johann Lechner und Fritz Norkauer

1928–1930

Auf der Grundlage eines Wohnraumbeschaffungsprogramms der Stadt München von 1927 wurden im Auftrag der Gemeinnützigen Wohnungsfürsorge AG insgesamt 8800 neue Wohnungen geplant. In dieser Großsiedlung entstanden bis 1930 etwa 1000 Wohnungen mit 45 bis 100 qm Wohnfläche in Geschoßbauten, freistehenden Doppelhäusern (mit jeweils vier Wohnungen), Reihenhäusern (mit jeweils zwei Wohnungen) und freistehenden Einfamilienhäusern. Die Wohnungen waren mit Wohnküche, WC, bis auf die kleinsten mit Bad, sowie Ofenheizung ausgestattet. Außerdem gab es 33 Läden und zwei Gaststätten. An der Planung der einzelnen Gebäude waren die Architekten Eugen Dreisch, Wilhelm Scherer, Stengel, Hofer, H. Gedon und P. Gedon beteiligt.

Literatur:

Baukunst (1930, Heft 6+7), Die Zwanziger Jahre in München (1979), München und seine Bauten nach 1912 (1984)

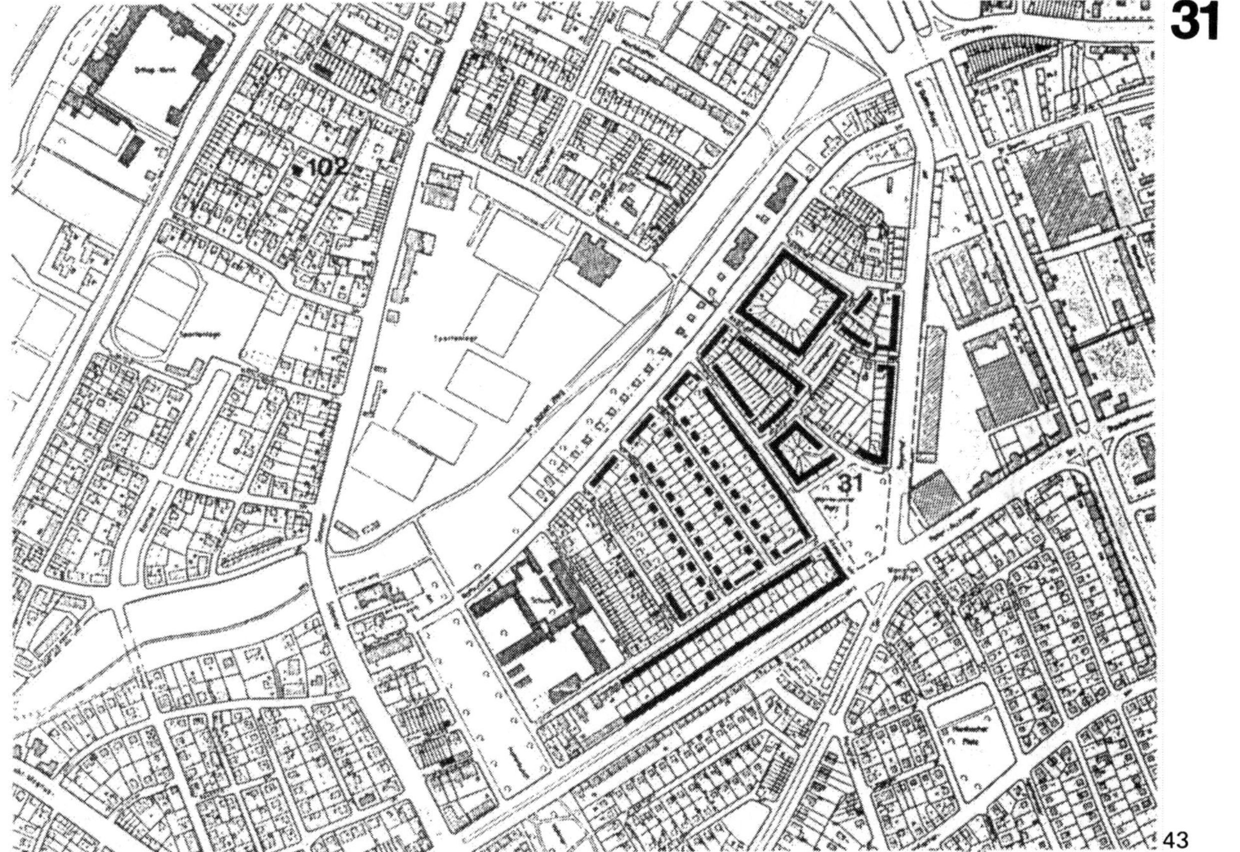
102
31

32 Wohnsiedlung Walchenseeplatz
Walchenseeplatz

Carl Jäger

1928–1930

Die Siedlung wurde um den mit altem Baumbestand bereits vorhandenen Walchenseeplatz angelegt und umfaßte im Jahre 1930 etwa 870 Wohnungen in Geschoßbauten mit 45 bis 100 qm Wohnfläche, sowie 26 Läden und eine Gaststätte. Für die kleinsten Wohnungen ohne eigenes Bad gab es eine inzwischen abgerissene Badeanstalt in einer Zentralwäscherei. Ansonsten waren alle Wohnungen mit Wohnküche, Bad, WC und Ofenheizung ausgestattet. An der Planung der einzelnen Gebäude waren die Architekten Hans Atzenbeck, Josef Dürr, Hans Grünzweig, Fritz Landauer, Fritz Männche und Max Schoen beteiligt.

Literatur:
Baukunst (1930, Heft 6+7), Die Zwanziger Jahre in München (1979), München und seine Bauten nach 1912 (1984)

32

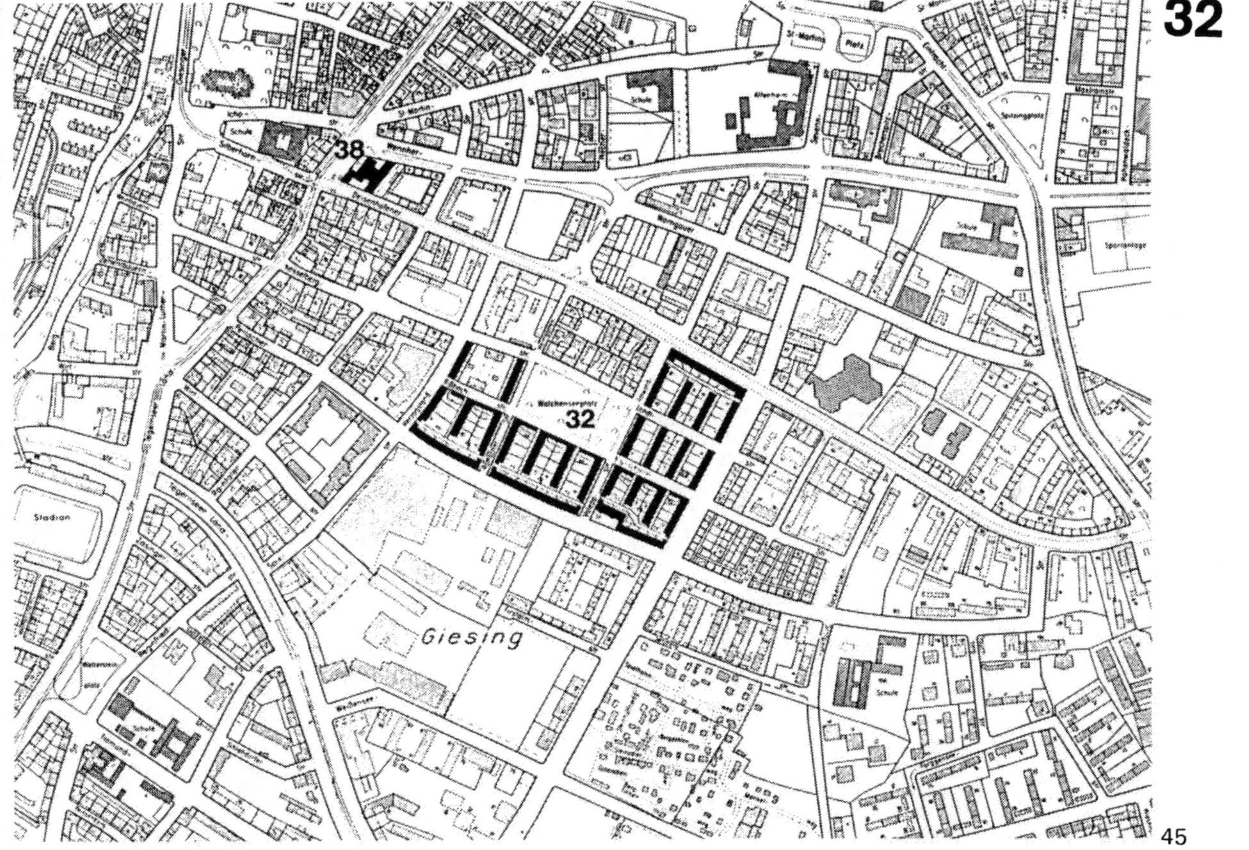

33 Wohnsiedlung Friedenheim

Fürstenrieder Straße

Bruno Biehler

1928–1930

Die Siedlung umfaßte im Jahre 1930 etwa 190 Einfamilienreihenhäuser (Architekt: Bruno Biehler) mit 72 bis 100 qm Wohnfläche und rückseitig angeordneten Gärten, sowie als bauliche Abschirmung gegen die Randstraße etwa 200 Wohnungen in Geschoßbauten (Architekten: Roderich Fick und Alwin Seifert) mit 45 bis 63 qm Wohnfläche. Die Wohnungen waren mit Wohnküche, WC, sowie bis auf die kleinsten mit Bad ausgestattet und wurden mit Einzelöfen beheizt. Außerdem gab es elf Läden und eine Gaststätte.

Literatur:
Baukunst (1930, Heft 6+7), Die Zwanziger Jahre in München (1979), München und seine Bauten nach 1912 (1984)

33

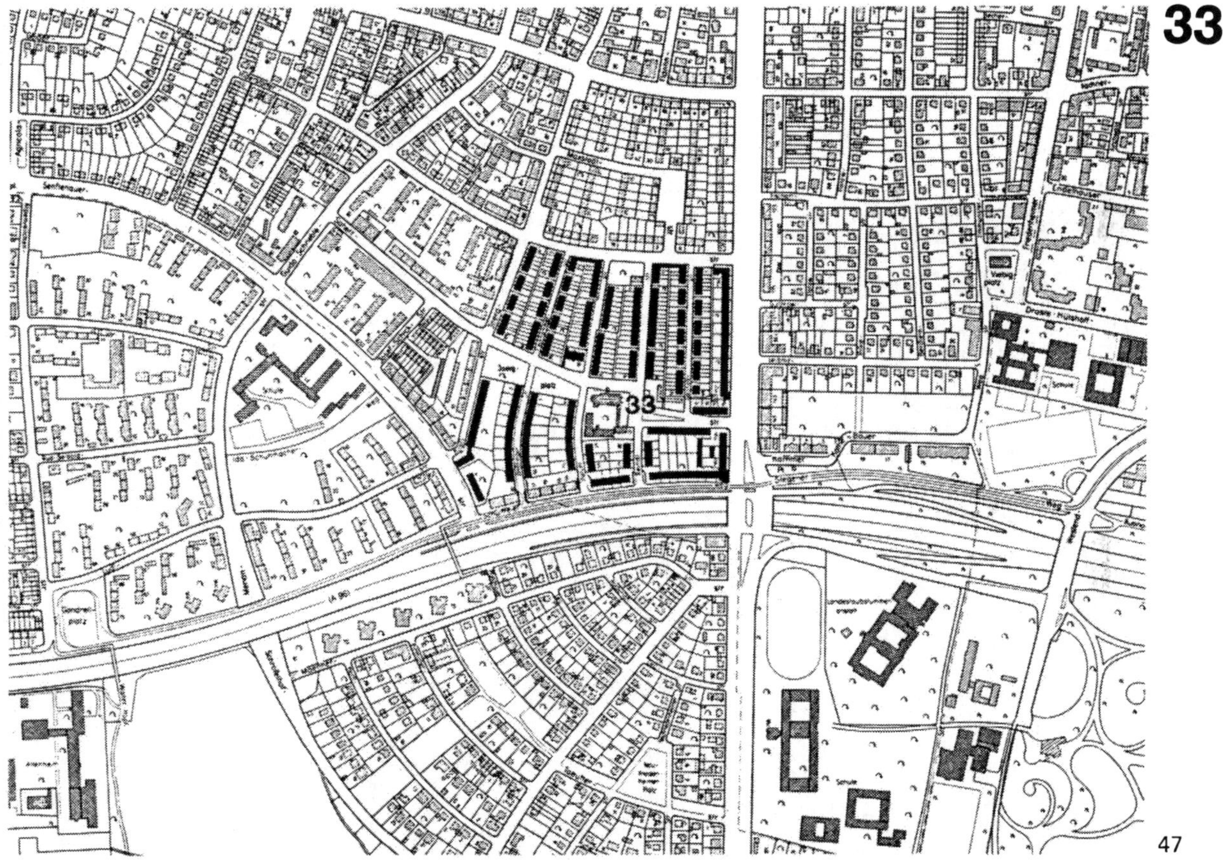

34 Wohnsiedlung Neuhausen
Arnulfstraße

Hans Döllgast

1928–1930

Die Siedlung umfaßte im Jahre 1930 etwa 1.580 „Mittelstandswohnungen" in Geschoßbauten mit 58 bis 114 qm Wohnfläche, 33 Läden und vier Gaststätten, sowie sieben Künstlerateliers. Im Gegensatz zu den anderen Siedlungen des Wohnraumbeschaffungsprogramms von 1927 (Nr. 31, 32, 33) hatten die beteiligten Architekten (Peter Danzer, Hans Haedenkamp, Martin Mendler, Johann Mund, John Rosenthal, Uli Seeck) in der Einzelplanung mehr Gestaltungsfreiheit. Die Wohnungen waren auch insgesamt etwas größer, hatten die übliche Wohnküche, WC und Einzelöfen; selbst die kleinsten hatten ein eigenes Bad.

Literatur:
Baukunst (1930, Heft 6+7), Die Zwanziger Jahre in München (1979), München und seine Bauten nach 1912 (1984), Denkmäler in Bayern – München (1985), Hans Döllgast (1987)

34

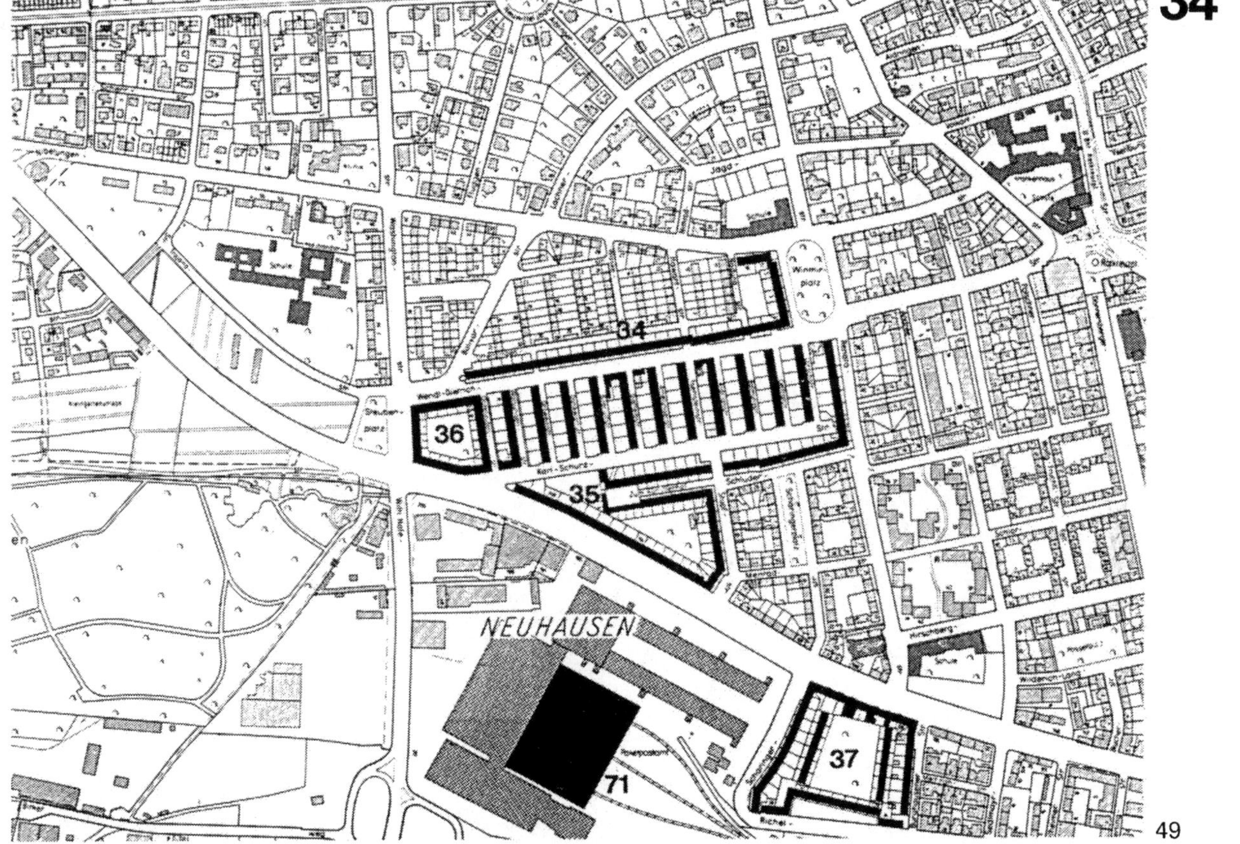

35 Künstlerateliers
Zum Künstlerhof

Uli Seeck

1930

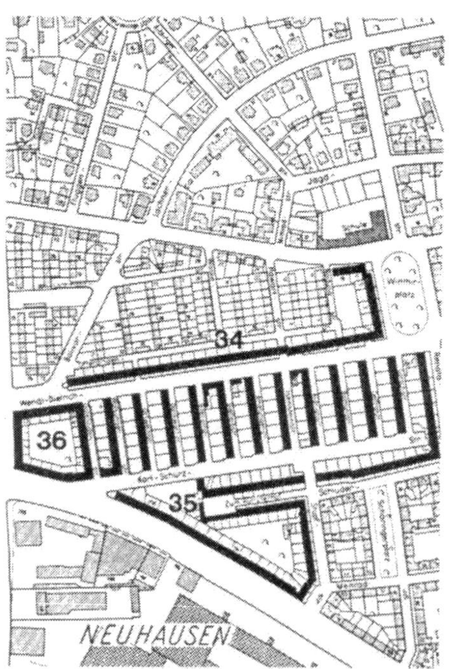

Die sieben Bildhauerateliers wurden innerhalb der Wohnsiedlung Neuhausen (Nr. 34) an einer Stelle errichtet, die wegen des Grundstückszuschnitts und der geltenden Bauordnung nicht höher bebaut werden konnte. Jedes Atelier besteht aus einem zweigeschossigen Arbeitsraum mit durchschnittlich 45 qm Grundfläche, einem Nebenzimmer, einem Abstellraum, einem WC und einem Lagerraum für Material im Dachgeschoß.

Literatur:
Baukunst (1930, Heft 6+7), Die Zwanziger Jahre in München (1979)

Wohnanlage
Steubenplatz

Otto Orlando Kurz

1930

Der Baublock mit 210 Wohnungen von 58 bis 114 qm Wohnfläche wurde als letzter Teil der Wohnsiedlung Neuhausen (Nr. 34) und abweichend von der Gesamtplanung errichtet, die eine etwas offenere Bebauung an dieser Stelle vorsah. Wegen der Finanzierung mit Krediten aus den Vereinigten Staaten ist das Gebäude bis heute unter der Bezeichnung „Amerikanerblock" bekannt.

Literatur:
Die Zwanziger Jahre in München (1979), München und seine Bauten nach 1912 (1984)

36

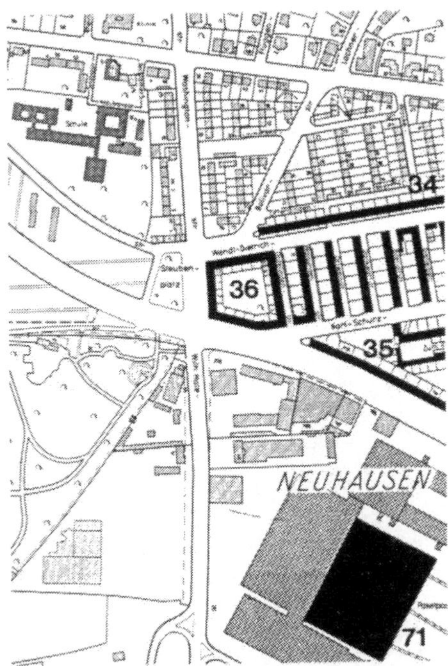

37 Wohnsiedlung Arnulfstraße

Robert Vorhoelzer mit Walther Schmidt

1929

Die Wohnanlage für Postbedienstete wurde als Versuchssiedlung zur „Erforschung neuzeitlicher Bauweisen" errichtet. Zur besseren Vergleichbarkeit unterschiedlicher Konstruktionen, Materialien und Heizungsanlagen wurde im wesentlichen ein Haustyp mit zwei verschiedenen Wohnungen verwendet. Insgesamt entstanden 324 Wohnungen mit 57 oder 70 qm Wohnfläche (drei bzw. vier Zimmer, Küche, Bad, WC, Loggia), mit der später so bezeichneten „Münchner Küche", die durch eine in halber Höhe verglaste Wand mit dem Wohnraum in Sichtverbindung steht, sowie sechs Läden und eine Gaststätte.

Literatur:

Baukunst (1929, Heft 8), Zeitschrift für Wohnungswesen in Bayern (1929, Heft 5 + 6), Baumeister (1930, Heft 3), Die Zwanziger Jahre in München (1979), Die andere Tradition (1986), Robert Vorhoelzer (1990)

Postamt (90)
Tegernseer Landstraße 57

Robert Vorhoelzer mit Walther Schmidt

1929

Das Gebäude war das erste von wenigen nachfolgenden Beispielen, die im Sinne des vom Bauhaus in Dessau propagierten „Neuen Bauens" in München errichtet wurden. Die Fassade entspricht ganz der Einfachheit der inneren Funktion (überwiegend Büroräume). Lediglich im ersten Obergeschoß ist der Briefträgersaal durch die Reihung größerer Fenster gekennzeichnet. Durch die zurückweichende Bebauung entstand an dieser Stelle ein neuer Platz, der zum Zentrum dieses Stadtteils geworden ist.
Öffnungszeiten: Mo–Fr 8–18 Uhr, Sa 8–12 Uhr

38

Literatur:
Baumeister (1930, Heft 5), Amtsbauten (1949), Die Zwanziger Jahre in München (1979), Bauen in München 1890–1950 (1980), Die andere Tradition (1986), Robert Vorhoelzer (1990)

39 **Postamt (5)**
Fraunhoferstraße 22a

Robert Vorhoelzer mit Walther Schmidt

1931

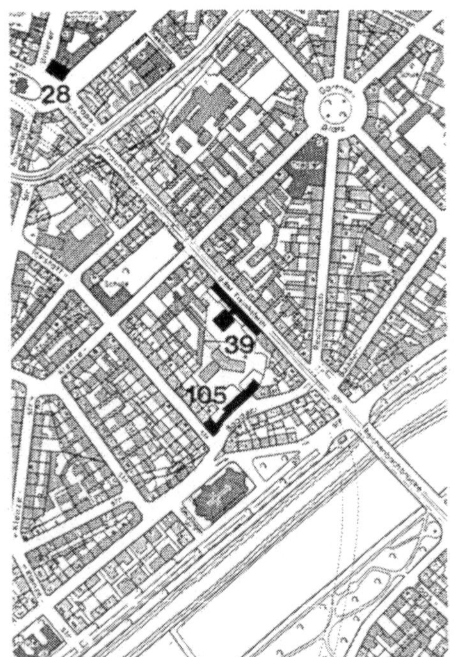

Das Postamt wurde im Zusammenhang mit einer größeren Baulückenbebauung entlang der Fraunhoferstraße mit acht Läden im Erdgeschoß und 33 Wohnungen in den Obergeschossen als selbständiger Baukörper im Innenhof angeordnet. Die innen inzwischen vollkommen umgestaltete Schalterhalle ist über einen Durchgang von der Fraunhoferstraße zu erreichen.
Öffnungszeiten: Mo–Fr 8–18 Uhr, Sa 8–12 Uhr

Literatur:
Amtsbauten (1949), Die Zwanziger Jahre in München (1979), Bauen in München 1890–1950 (1980), Die andere Tradition (1986), München und seine Bauten nach 1912 (1984), Robert Vorhoelzer (1990)

Postamt (701)
Am Harras 2

Robert Vorhoelzer

1932

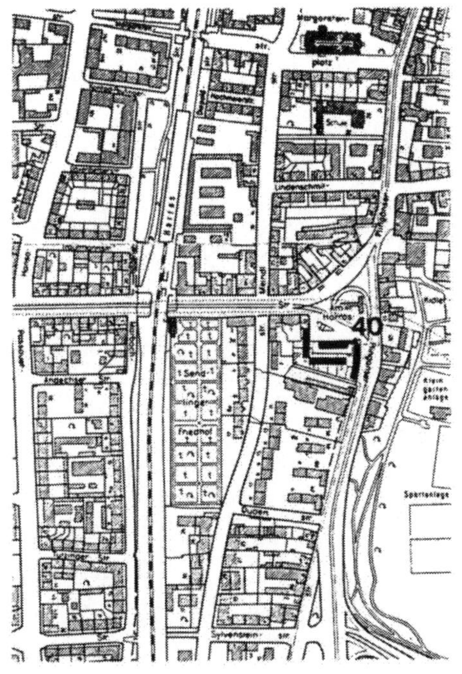

Das Postamt wurde im Zusammenhang mit der rückwärtigen Wohnanlage (95 Wohnungen) gebaut. Die Schalterhalle im Erdgeschoß ist inzwischen weitgehend umgestaltet, während das ehemalige „stumme Postamt" mit Wartehalle im halbrunden Bauteil vermietbarer Ladenfläche weichen mußte. Der Briefträgersaal und einige Büroräume im Obergeschoß sind über eine außenliegende, verglaste Treppe zu erreichen.

Öffnungszeiten: Mo–Fr 8–18 Uhr, Sa 8–12 Uhr

40

Literatur:
Amtsbauten (1949), Die Zwanziger Jahre in München (1979), Bauen in München 1890–1950 (1980), Die andere Tradition (1986), München und seine Bauten nach 1912 (1984), Robert Vorhoelzer (1990)

41 **Postamt (15)**
Goetheplatz 1

Robert Vorhoelzer mit Walther Schmidt

1932

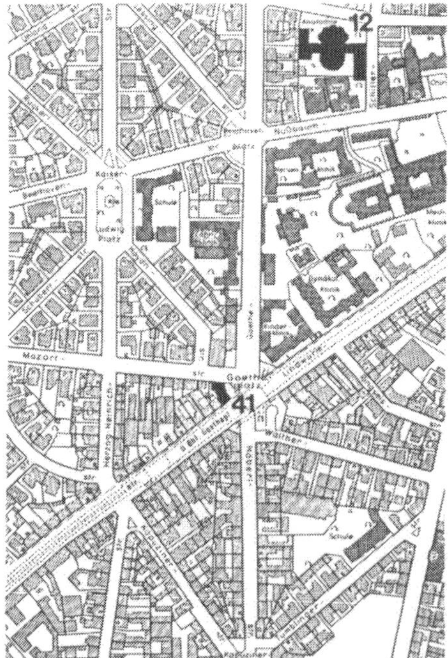

Obwohl sich das Gebäude mit seiner geschwungenen Fassade in die Bewegung des Platzes einfügt, ist seine platzbeherrschende Wirkung mit den Postbauten Am Harras (Nr. 40) und an der Tegernseer Landstraße (Nr. 38) vergleichbar. Im Erdgeschoß des Stahlbetonskelettbaus befindet sich die inzwischen vollständig umgestaltete Schalterhalle, im ersten Obergeschoß sind Büros, darüber elf Wohnungen.
Öffnungszeiten: Mo–Fr 8–18 Uhr, Sa 8–12 Uhr

Literatur:
Amtsbauten (1949), Die Zwanziger Jahre in München (1979), Bauen in München 1890–1950 (1980), Die andere Tradition (1986), München und seine Bauten nach 1912 (1984), Robert Vorhoelzer (1990)

Katholische Kirche St. Raphael
Lechelstraße 54

Hans Döllgast

1932

Die Kirche, entstanden als Ergebnis eines Architektenwettbewerbes, wurde aus massivem Ziegelmauerwerk gebaut. Der einschiffige Kirchenraum mit rechteckiger Grundfläche ist mit einer flachen Holzbalkendecke überspannt und durch einen Chorbogen vom Altarraum abgetrennt. In einem eigenen Bauteil ist seitlich die Sakristei angefügt. Der Glockenturm wurde erst im Jahre 1960 errichtet.
Öffnungszeiten: Mo–So 8–17.30 Uhr

Literatur:
Süddeutsche Bautradition im 20. Jahrhundert (1985), Hans Döllgast (1987)

42

43 Wohnhaus
Klementinenstraße 8

Roderich Fick

1940

Das Einfamilienhaus hat etwa 480 qm Wohnfläche und wurde, traditioneller Baugestaltung entsprechend, in Massivbauweise ausgeführt. Betont durch das straßenseitig (Foto) ebenerdige Sockelgeschoß, in dem sich ausschließlich Nebenräume und Garagen befinden, ist das Gebäude als bauliche Abschirmung des Parkgrundstücks angelegt. Gartenseitig ist das Gelände bis auf die Wohnraumebene angehoben.

Literatur:
München und seine Bauten nach 1912 (1984)

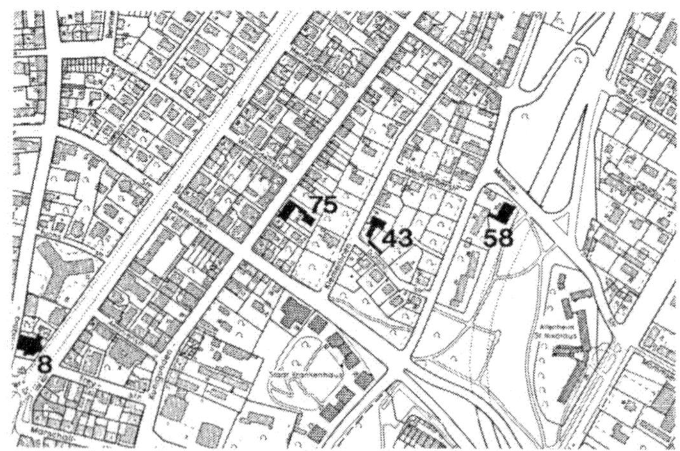

Verlagsgebäude
Wilhelmstraße 9

Roderich Fick

1950

Das Gebäude für den C. H. Beck-Verlag ist, wie das Wohnhaus des Verlegers in der Klementinenstraße (Nr. 43), von der in allen Einzelheiten handwerklich traditionellen Ausführung geprägt. Im Hauptbau befinden sich überwiegend Büroräume, im Seitenflügel, der erst 1952 fertiggestellt wurde, ist die Versandabteilung untergebracht.

Literatur:
Zeit im Aufriß (1983), München und seine Bauten nach 1912 (1984), Süddeutsche Bautradition im 20. Jahrhundert (1985)

44

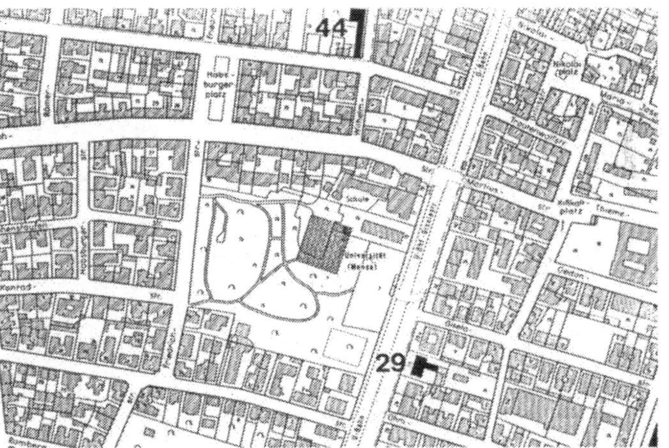

45 **Katholische Kirche St. Bonifaz**
Karlstraße 34

Hans Döllgast (Instandsetzung)

1950 (Instandsetzung)

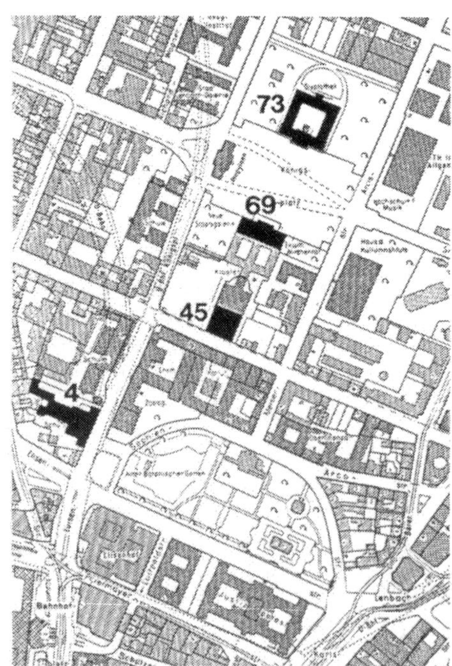

Die Kirche wurde in den Jahren 1835 bis 1850 von Georg Friedrich Ziebland im Auftrag König Ludwig I. gebaut und im Zweiten Weltkrieg weitgehend zerstört. Die stark vereinfachte Instandsetzung durch Hans Döllgast beschränkte sich auf eine verkürzte Wiederherstellung des Kirchenraumes mit wiederum offenem Dachstuhl und frontal angeordnetem Altar. Entgegen Döllgasts späteren Vorschlägen zum weiteren Ausbau der Gesamtanlage wurde ein Seelsorgezentrum als Verbindungsbau zur alten Apsis eingefügt (1971); gleichzeitig wurde der Kirchenraum umgestaltet.

Öffnungszeiten: Mo–So 7.30–18 Uhr, Do ab 12 Uhr

Literatur:
Baumeister (1948, Heft 12), Aufbauzeit (1984), Süddeutsche Bautradition im 20. Jahrhundert (1985), Hans Döllgast (1987)

Volksschule
Türkenstraße 68

Gustav Gsaenger

1951

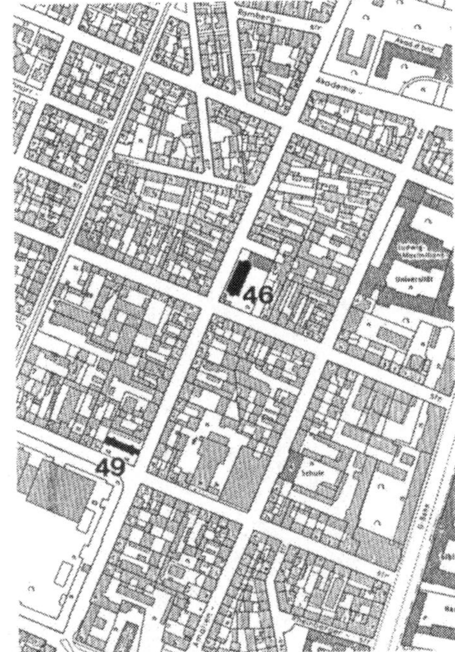

Das Hauptgebäude (Foto) der Schulanlage aus dem Jahre 1874 (Architekt: Hermann Frauenholz) wurde im Zweiten Weltkrieg schwer beschädigt und 1951 unter Einbeziehung der verbliebenen Bausubstanz, jedoch mit völlig verändertem architektonischem Ausdruck, instandgesetzt. Die ursprünglich historistisch profilierte Fassade wurde unter Beibehaltung der Fensteröffnungen stark vereinfacht, das vorher geneigte Dach durch eine begehbare Dachterrasse ersetzt. Im Erdgeschoß befindet sich hofseitig eine Kindertagesstätte.

46

Literatur:
Baumeister (1954, Heft 4)

47 Technische Universität (Mittelbau)

Arcisstraße 21

Robert Vorhoelzer

1951

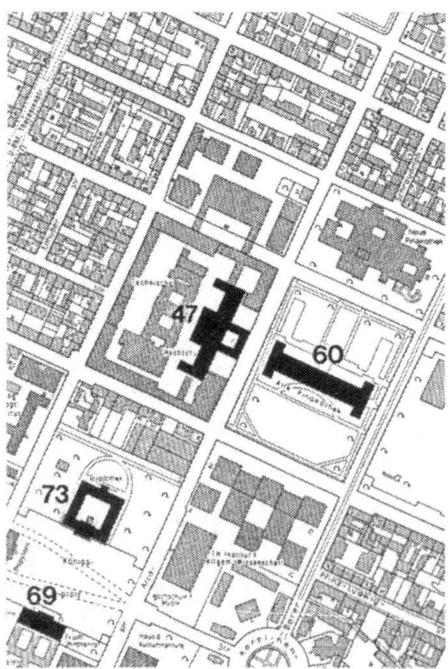

An der Stelle des Mittelbaus an der Arcisstraße stand seit 1868 das erste, im Zweiten Weltkrieg vollkommen zerstörte Gebäude der damaligen „Polytechnischen Schule" (Architekt: Gottfried von Neureuther). Dem neuen und höheren Institutsbau (Foto) mit verdreifachter Nutzfläche wurde an der Arcisstraße zugleich ein Eingangsgebäude mit Verwaltungstrakt vorgelagert, das 1968 um zwei Geschosse erhöht wurde (Architekt: Johannes Ludwig).

Literatur:
Aufbauzeit (1984)

Umkleidegebäude im Ungererbad
Traubestraße 3

Albert Heichlinger

1952

48

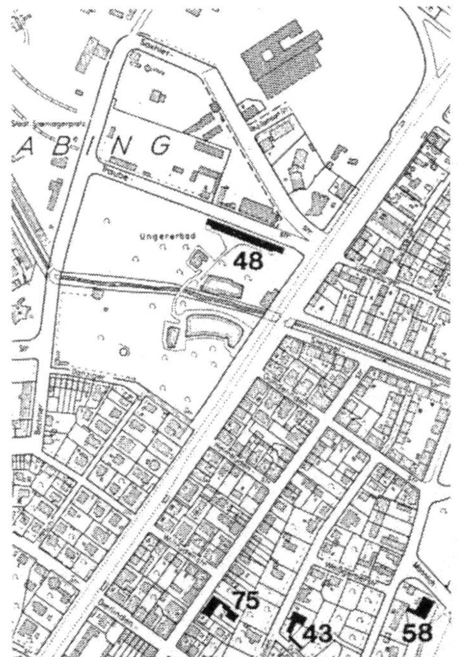

Die 1855 eröffnete „Schullersche Badeanstalt" für Männer wurde 1869 von August Unger erworben und 1911 der Stadt München geschenkt. In dem 1952 vom Stadtbauamt errichteten Stahlbetonskelettbau (Länge etwa 100 Meter) befinden sich neun Großumkleideräume für etwa 500 Personen, 96 Wechselkabinen, WC-Anlagen, Duschen, Kleideraufbewahrungsräume für etwa 8000 Badegäste mit zweigeschossig konstruierten Aufhängevorrichtungen, sowie der Haupteingang mit Kassenhäuschen.

Öffnungszeiten: Mo–So 8.30–20.30 Uhr (April–September)

Literatur:
Baumeister (1952, Heft 9)

49 Wohn- und Geschäftshaus

Theresienstraße 46–48

Sep Ruf

1952

Das (Hoch-)Haus wurde im Rahmen des sozialen Wohnungsbaus außerordentlich kostengünstig in Schottenbauweise errichtet. Über acht verschieden großen Läden im Erdgeschoß sind insgesamt 42 Wohnungen (zwei bzw. drei Zimmer, Küche, Bad mit WC) mit 51 bis 68 qm Wohnfläche angeordnet. Durch zwei Treppenhäuser werden in jedem Geschoß jeweils drei Wohnungen erschlossen. Auftraggeber war der Verein zur Behebung der Wohnungsnot Nürnberg.

Literatur:
Bauen und Wohnen (1951, Heft 8), Die andere Tradition (1986), Zeit im Aufriß (1983), Aufbauzeit (1984), Sep Ruf (1985)

50

Fritz Beck-Studentenhaus
Veterinärstraße 1

Harald Roth

1952

Das Gebäude wurde als Studentenhaus errichtet und wird heute als Institutsgebäude der Ludwig-Maximilians-Universität genutzt. Im Erdgeschoß befindet sich ein Laden, im ersten Obergeschoß sind eine Bibliothek und Seminarräume, darüber Büros untergebracht. Unter besonderer Berücksichtigung der städtebaulichen Situation ist der Baukörper hinter die bestehende Straßenflucht zurückgesetzt. Die Außenwände wurden aus Abbruchziegeln hergestellt.

Literatur:
Baumeister (1955, Heft 1), München und seine Bauten nach 1912 (1984)

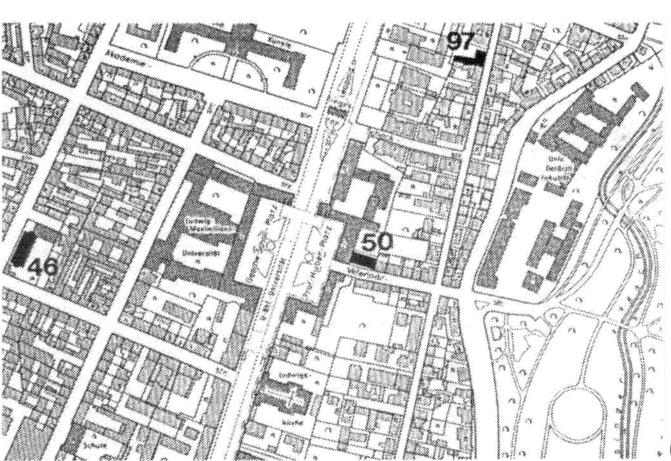

51 Wohnhaus
Schwedenstraße 46

Paul Schmitthenner

1954

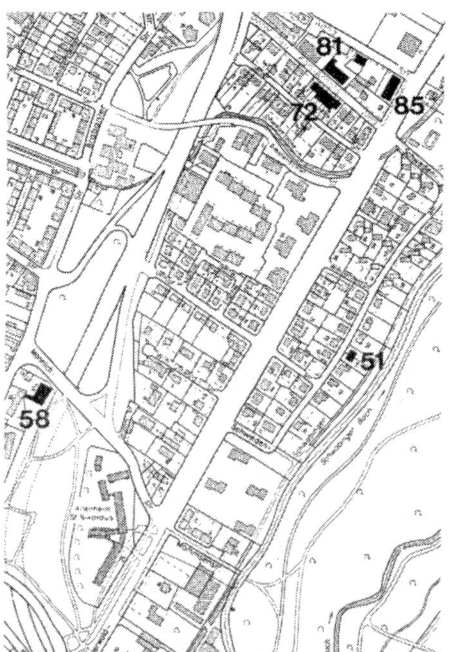

Das (Doppel-) Haus ist durch eine Mittelwand in zwei nahezu identische Wohnungen mit unterschiedlichen Eingangssituationen geteilt. Der „Haupteingang" des Hauses von der Straße (Foto) ist lediglich Zugang für eine Haushälfte, der Zugang zur anderen Wohnung ist seitlich angeordnet. Das Haus war seit der Errichtung im Privatbesitz von Paul Schmitthenner (1884–1972), wurde aber nur in den letzten zwei Jahren seines Lebens von ihm selbst bewohnt.

Literatur:
München und seine Bauten nach 1912 (1984), Süddeutsche Bautradition im 20. Jahrhundert (1985)

Wohnhaus
Nederlinger Straße 7

Hans Döllgast

1954

52

„Da wohnt zunächst der Häuserzeichner, später können drei Parteien darin hausen" (Döllgast). Dementsprechend hat der Architekt sein eigenes Haus wie einen Geschoßwohnungsbau mit drei nahezu identischen Stockwerken organisiert. Über eine Treppe gleich hinter dem Eingang und einen über die ganze Haustiefe reichenden Flur werden in jedem Geschoß zwei Zimmer mit dazwischenliegendem Sanitärbereich erschlossen. Die Außenwände wurden aus Abbruchziegeln hergestellt. Inzwischen wurde das Haus durch eine Dachgaube, einige zusätzliche Fenster an der Giebelseite und einen verputzten Anbau verändert.

Literatur:
München und seine Bauten nach 1912 (1984), Hans Döllgast (1987)

53 **Alter und Neuer Südlicher Friedhof**
Thalkirchner Straße

Hans Döllgast (Instandsetzung)

1954 (Instandsetzung)

Angelegt um 1563, bekam der (alte) Friedhof 1819 die Form eines Sarkophags (Architekt: Gustav Vorherr). Der quadratische „Camposanto" wurde 1845 angefügt (Architekt: Friedrich von Gärtner). Im Zweiten Weltkrieg schwer beschädigt, wurden beim Wiederaufbau unter anderem die Aussegnungshalle (Foto links oben) unter Einbeziehung von vier verbliebenen Säulen des zerstörten halbrunden Arkadenganges neu gebaut, die Durchgangshalle (Foto links unten) instandgesetzt (beides mit Abbruchziegeln) und eine Seite der ehemals umlaufenden Arkaden im „Camposanto" mit einfacher Konstruktion nachempfunden (Foto unten).

Literatur:
Süddeutsche Bautradition im 20. Jahrhundert (1985), Hans Döllgast (1987)

53

Alter
südlicher
Friedhof
Neuer südlicher
Friedhof
53
41
28
39
Schule
Sportanlage
Schlachthof

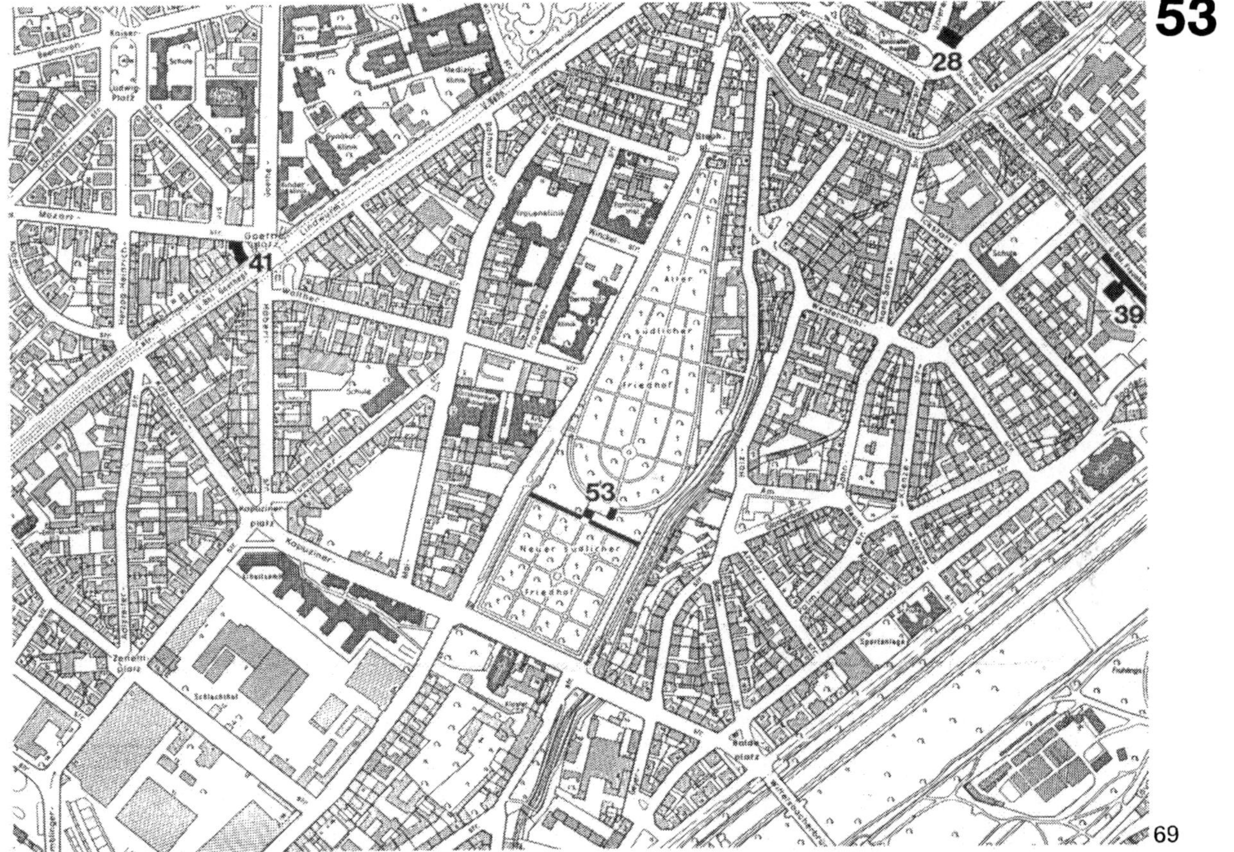

54 **Alter Nördlicher Friedhof**
Arcisstraße

Hans Döllgast (Instandsetzung)

1955 (Instandsetzung)

Der Friedhof nach einem Entwurf von Arnold von Zenetti wurde 1868 eröffnet und im Zweiten Weltkrieg schwer beschädigt. Die Wiederaufbauarbeiten mit Abbruchziegeln umfaßten insbesondere die Vervollständigung der Umfassungsmauern, die Instandsetzung der verbliebenen 16 von ehemals 53 Gruftarkaden (Foto oben) und die Neugestaltung des Haupteinganges mit gleichzeitigem Bau eines Depots für die städtische Straßenreinigung (Foto unten).

Literatur:
Hans Döllgast (1987)

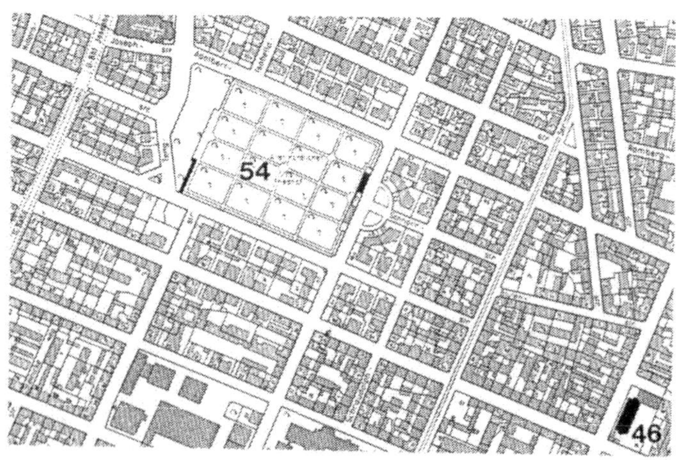

Verwaltungsgebäude
Königinstraße 28

Josef Wiedemann

1955

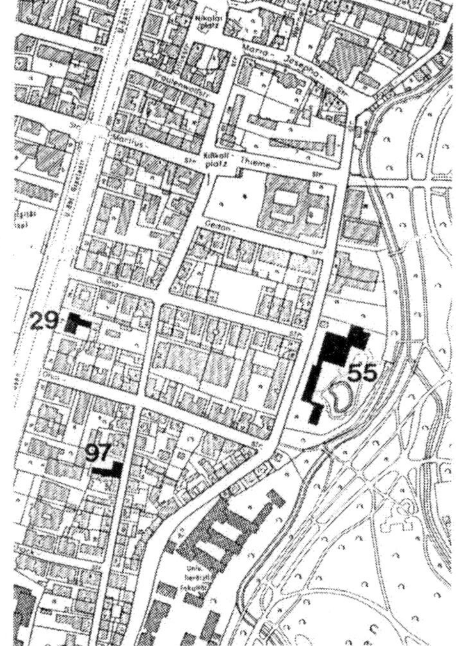

55

Die Generaldirektion der Allianz-Versicherung, entstanden als Ergebnis eines Architektenwettbewerbes aus dem Jahre 1951, ist unter Berücksichtigung der besonderen Lage am Englischen Garten und der differenzierten Nutzung in fünf zusammenhängende Baukörper gegliedert: in ein Hauptgebäude (Foto) mit zentraler Halle, ein Kasino-, ein Hausmeister- und ein Bürogebäude (Foto), sowie ein Gebäude für die Lochkartenmaschinen. Am aufwendigen Innenausbau, insbesondere der Eingangshalle, waren zahlreiche Künstler beteiligt.

Literatur:
Baumeister (1955, Heft 10), Josef Wiedemann (1981), München und seine Bauten nach 1912 (1984)

56 Katholische Kirche St. Laurentius

Nürnberger Straße 54

Emil Steffann

1955

Die Kirche aus massivem Ziegelmauerwerk wurde als Teil einer neu angelegten Pfarrei der Oratorianer mit Gemeindehaus und Pfarrhaus errichtet und entspricht in ihrem architektonischen Ausdruck der von Bescheidenheit geprägten Lebensweise der Bauherren. Im Kirchenraum mit rechteckiger Grundfläche und halbrunder Apsis ist der Altar zentral angeordnet und an drei Seiten von Sitzreihen umgeben. Die Sakristei ist im baulichen Zusammenhang mit dem Gemeindehaus seitlich angefügt.

Öffnungszeiten: Mo–So 8–12 und 14–18 Uhr

Literatur:

Baumeister (1956, Heft 12), Zeit im Aufriß (1983), München und seine Bauten nach 1912 (1984)

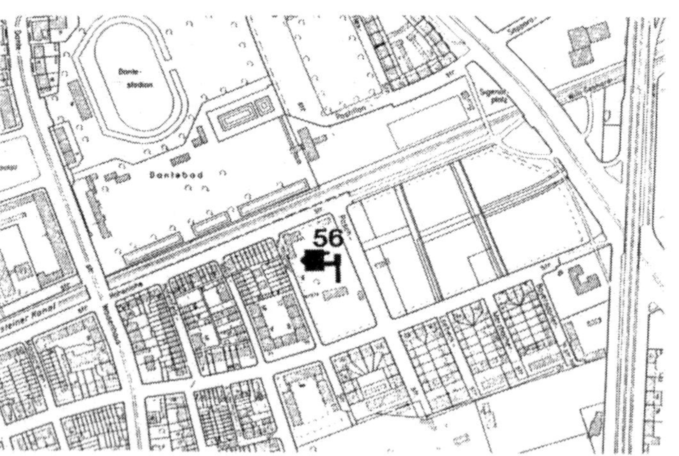

Katholische Kirche Herz Jesu
Buttermelcherstraße 10

Alexander von Branca und
Herbert Groethuysen

1955

57

Die Kirche wurde als Stahlbetonskelettbau ausgeführt und ist Teil einer Klosteranlage der Niederbronner Schwesterngemeinschaft mit Klausurgebäude, Wirtschaftsgebäude, Mädchenwohnheim und Kindergarten. Der Kirchenraum mit rechteckiger Grundfläche ist in ein Mittelschiff, überwölbt von einer großen Halbtonne, und zwei Seitenschiffe, überwölbt von jeweils drei kleineren Halbtonnen, gegliedert und vom frontal angeordneten Altarraum räumlich abgegrenzt.

Öffnungszeiten: Mo–So 8–18 Uhr, an der Pforte läuten

Literatur:
Zeit im Aufriß (1983), München und seine Bauten nach 1912 (1984)

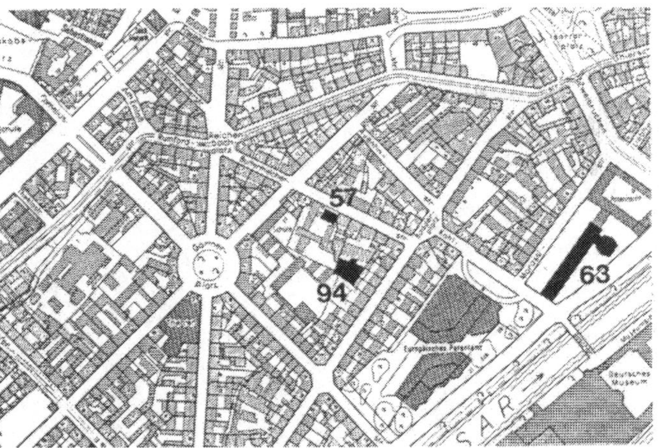

58 **Studentenwohnheim**
Biedersteiner Straße 30

Harald Roth und Otto Roth

1955

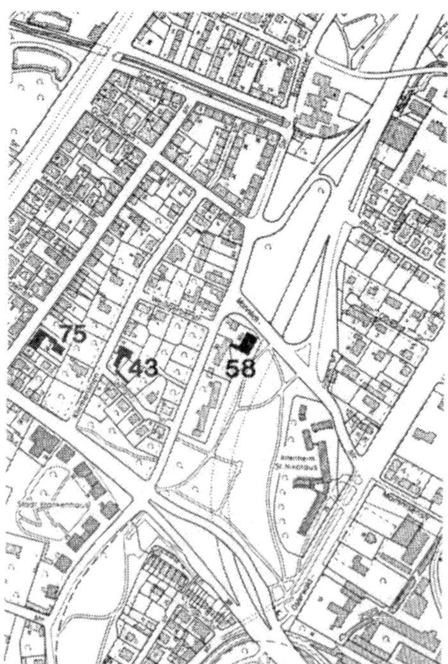

Das Gebäude wurde als letzter Teil einer Wohnheimanlage mit vier Häusern für insgesamt etwa 265 Studenten errichtet. Um eine innenliegende und von oben natürlich belichtete Halle sind 46 Einzel- und Doppelzimmer angeordnet, wobei die Zimmer im obersten Stockwerk zweigeschossig angelegt sind. Im Erdgeschoß ist als Verbindungsbau zum Nachbarhaus ein Speisesaal für alle Bewohner angefügt.

Literatur:
Baumeister (1954, Heft 6), Zeit im Aufriß (1983), München und seine Bauten nach 1912 (1984)

Evangelische Paul-Gerhardt-Kirche
Mathunistraße 23

Johannes Ludwig

1956

Die Kirche, entstanden als Ergebnis eines Architektenwettbewerbes aus dem Jahre 1953, ist Teil einer Anlage mit Pfarramt und Personalwohngebäuden. Unter dem angehobenen Kirchenraum mit rechteckiger Grundfläche und frontal stehendem Altar ist in einem Sockelgeschoß der Gemeindesaal mit Nebenräumen angeordnet. Die Sakristei ist seitlich in einem eigenen Bauteil angefügt. Die Außenwände sind aus massivem Ziegelmauerwerk, die Dachkonstruktion wird von freistehenden Betonstützen getragen.
Öffnungszeiten: Mo–So 8–17.30 Uhr

59

Literatur:
Baumeister (1956, Heft 12), Johannes Ludwig (1984), München und seine Bauten nach 1912 (1984)

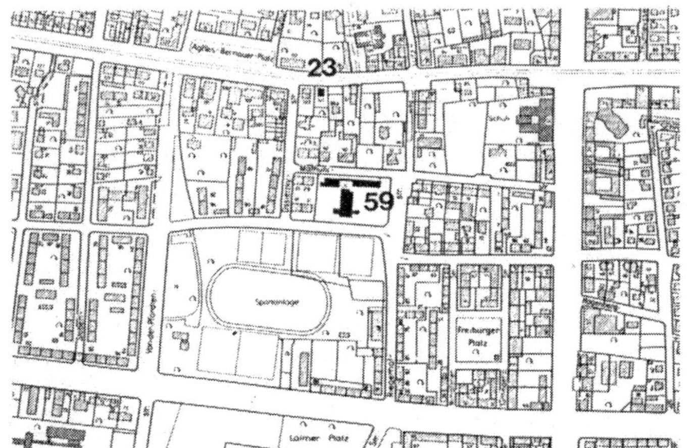

60 Alte Pinakothek

Barer Straße 27

Hans Döllgast (Instandsetzung)

1957 (Instandsetzung)

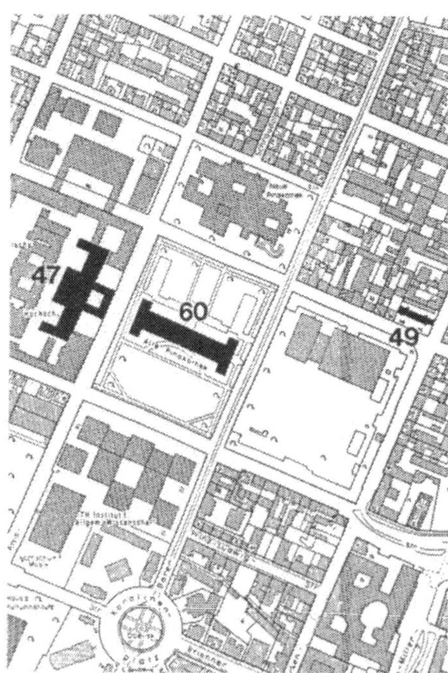

Die Alte Pinakothek wurde in den Jahren 1826 bis 1836 von Leo von Klenze im Auftrag König Ludwig I. für dessen große Gemäldesammlung gebaut und im Zweiten Weltkrieg weitgehend zerstört. Der vom Abbruch bedrohte Bau wurde nach umfangreichen Planungen durch Hans Döllgast gegen starken Widerstand instandgesetzt. Gleichzeitig wurde das Erschließungssystem grundlegend verändert: Der Haupteingang wurde von der Ost- auf die Nordseite verlegt und anstelle des Treppenhauses im Südostflügel wurde eine neue Treppenanlage an der südlichen Gebäudefront eingebaut.

Öffnungszeiten: Di–So 9–16 Uhr, Di + Do 19–21 Uhr

Literatur:

Archithese (1981, Heft 1), Aufbauzeit (1984), München und seine Bauten nach 1912 (1984), Süddeutsche Bautradition im 20. Jahrhundert (1985), Hans Döllgast (1987)

Landesversorgungsamt
Heßstraße 89

Hans Luckhardt und Wassili Luckhardt

1957
1989 abgebrochen

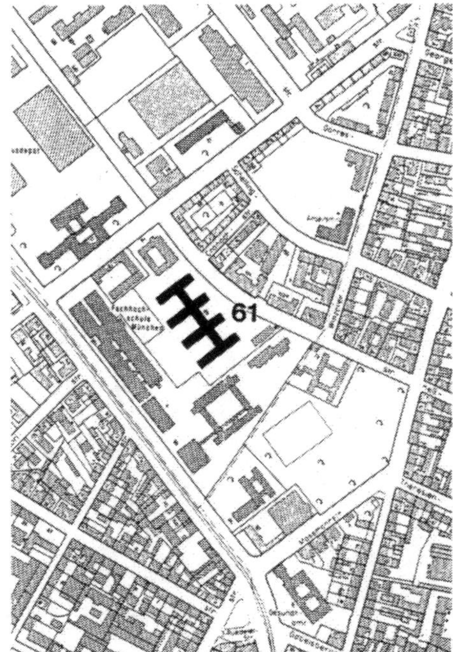

Das größte Bauwerk der Brüder Luckhardt wurde erst nach dem Tode von Hans Luckhardt (1890–1954) errichtet. Die Räume für den überwiegend aus älteren oder gehbehinderten Personen bestehenden Publikumsverkehr wurden in vier pontongleichen Flachbauten im Erdgeschoß angeordnet. Quer darüber ist der Hauptbau mit überwiegend Büroräumen auf Stützen gelagert. Das Gebäude wurde zuletzt als Wohnheim für Asylsuchende genutzt und, kennzeichnend für den geringen Stellenwert des „Neuen Bauens" in München, bereits zum Abbruch freigegeben.

Das Bauwerk wurde gegen den Widerstand von Architekten und Bauhistorikern aus ganz Deutschland im September 1989 abgebrochen.

61

Literatur:
Wassili und Hans Luckhardt (1958), Die andere Tradition (1986), Zeit im Aufriß (1983)

62 Amerikanisches Generalkonsulat

Königinstraße 5

Sep Ruf

1959

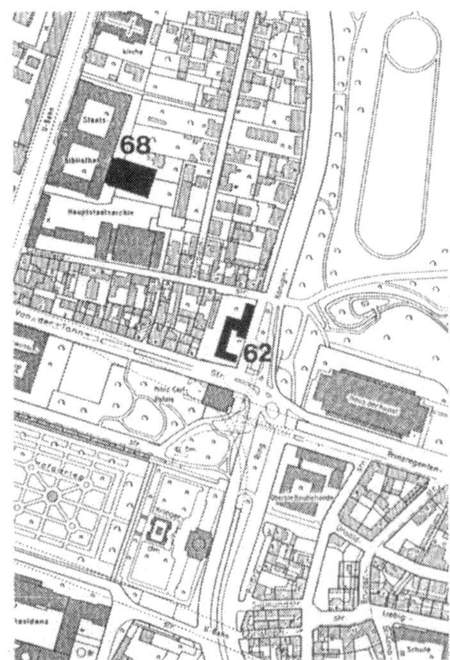

Die Planung für das Gebäude wurde Sep Ruf übertragen, nachdem ein Entwurf der amerikanischen Architekten Skidmore, Owings and Merrill von der Stadt München aus städtebaulichen Gründen abgelehnt worden war. Unter das Hauptgebäude mit offener Erdgeschoßzone ist ein Flügel des eingeschossigen Kanzleitraktes gestellt; dort befindet sich das Eingangsfoyer. Die räumlich offene Eingangssituation unter dem Hauptbau ist durch den 1985 aus Sicherheitsgründen errichteten Zaun praktisch zerstört worden. Auf dem Gelände stand an der Von-der-Tann-Straße bis 1951 das Gebäude des berühmten „Fotoateliers Elvira" von August Endell (1898).

Literatur:
Sep Ruf (1985)

Deutsches Patentamt
Zweibrückenstraße 12

Franz Hart und Georg H. Winkler

1959

63

Das Hochhaus an der Erhardstraße (Foto) mit Bibliothek, Prüfabteilungen und Kantine (auf dem Dach) wurde in Verbindung mit der vorgelagerten Patentauslegehalle als letzter von drei Bauabschnitten der Gesamtanlage errichtet. Die in der Fassade sichtbaren Stützen des Stahlbetonskelettbaus sind entsprechend den abnehmenden Traglasten nach oben kleiner dimensioniert und deshalb zurückgestuft.

Literatur:
Baumeister (1961, Heft 5), Der Mauerziegel (1964), Franz Hart (1980), München und seine Bauten nach 1912 (1984)

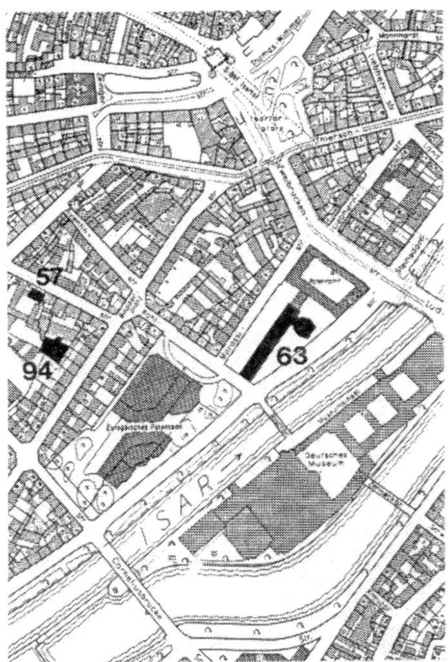

64 **Max-Planck-Institut für Physik und Astrophysik**
Föhringer Ring 6

Sep Ruf

1960

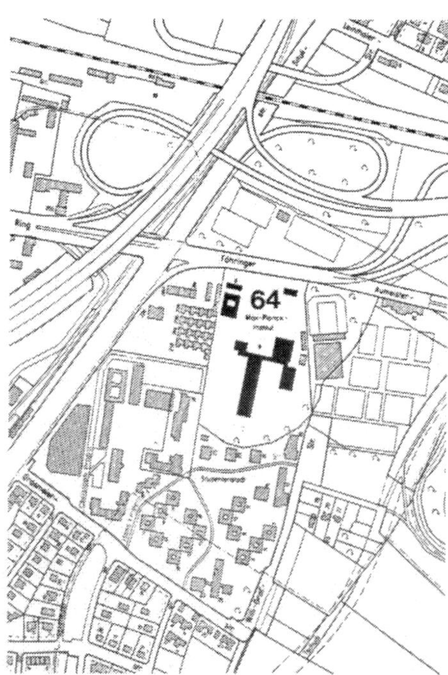

Die Anlage wurde als Forschungsinstitut für den Physik-Nobelpreisträger (1933) Werner Heisenberg errichtet und besteht aus einem Hauptgebäude mit Büroräumen, einem Hörsaal- (Foto), einem Kantinen-, einem Wohn- und einem Werkstattgebäude, sowie einer Experimentierhalle. Mit Ausnahme des Wohnhauses wurden alle Gebäude als Stahlbetonskelettbauten ausgeführt. Eine Besichtigung ist bei Anmeldung vor Ort möglich.

Literatur:
Zeit im Aufriß (1983), Sep Ruf (1985)

65

Katholische Kirche
St. Johannes von Capistran
Gotthelfstraße 5

Sep Ruf

1960

Der Baukörper besteht aus zwei kreisrunden Mauerschalen mit verschieden großen Durchmessern (29 und 32 Meter) und gegeneinander verschobenen Mittelpunkten. Im sichelförmigen Zwischenraum sind im Erdgeschoß Taufkapelle, Sakristei und zwei Beichträume untergebracht, darüber eine Empore und das Orgelwerk. An den äußeren Pendelstützen hängen im Erdreich verborgene Betongewichte, die das Dach über die Mauerauflager im Gleichgewicht halten. Die Kirche ist Teil einer Anlage mit Pfarrsaal, Pfarrhaus und Glockenturm.

Öffnungszeiten: Mo–So 8–18 Uhr

Literatur:
Bauen und Wohnen (1963, Heft 2), München und seine Bauten (1984), Sep Ruf (1985)

66 Katholische Kirche Zur Heiligen Dreifaltigkeit
Maria-Ward-Straße 5

Josef Wiedemann

1964

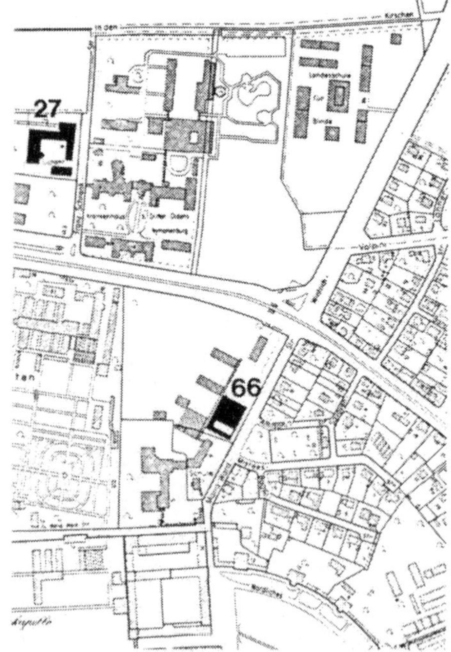

Die Kirche ist Teil einer Klosteranlage der Englischen Fräulein mit zwei Konventbauten und einem Wirtschaftsgebäude. Kirche und Kloster sind über einen gemeinsamen Vorhof mit einem als Glockenträger ausgebildeten Eingangstor (Foto) erschlossen. Dem Kirchenraum mit quadratischer Grundfläche ist ein durch zwölf Stützen markierter Kreis einbeschrieben, über dem die Decke geöffnet ist und auf dem das radiale Holzfaltwerk des Daches steht.

Die Sitzreihen sind im Halbkreis um den Altar angeordnet.

Öffnungszeiten: Mo–So 15–18 Uhr

Literatur:

Josef Wiedemann (1981), München und seine Bauten nach 1912 (1984)

67

Parkhaus mit Verwaltungsgebäude
Salvatorplatz 3

Franz Hart

1964

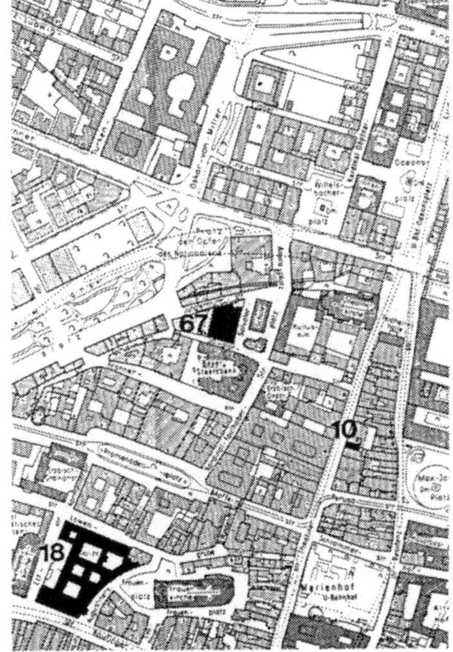

Das Parkhaus wurde als Stahlbetonskelettbau mit Klinkerverblendmauerwerk konstruiert und steht an einer Seite dicht an den Überresten der mittelalterlichen Stadtmauer (Foto links). In gleicher Bauweise wurde am Salvatorplatz ein Bürotrakt (Foto rechts) der Bayerischen Staatsbank (heute: Bayerische Vereinsbank) vorgebaut, dessen Fassadengliederung auf die Strebepfeiler der gegenüberliegenden spätgotischen Salvatorkirche bezogen ist.

Literatur:
Der Mauerziegel (1964), Neues Bauen in alter Umgebung (1978), Franz Hart (1980), Zeit im Aufriß (1983), München und seine Bauten nach 1912 (1984)

68 Bayerische Staatsbibliothek

Ludwigstraße 16

Hans Döllgast, Helmut Kirsten (ab 1957), Sep Ruf, Georg Werner (bis 1960)

1966

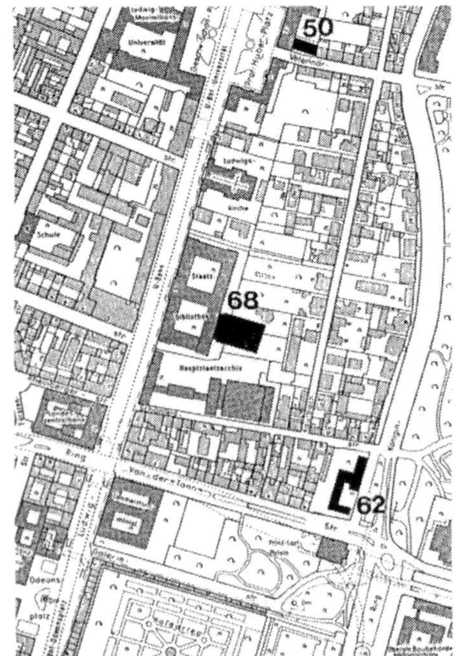

Das Erweiterungsgebäude mit Hauptkatalogsaal im Erdgeschoß und Lesesaal mit Handbibliothek im Obergeschoß steht als zeitgemäß konstruierter Stahlbetonskelettbau mit vorgehängter Fassade in architektonisch betontem Kontrast zum Hauptgebäude Friedrich von Gärtners aus dem Jahre 1843, das nach weitgehender Zerstörung im Zweiten Weltkrieg äußerlich unverändert wiederaufgebaut wurde. Der Planungsauftrag wurde bereits 1953 erteilt, mit den Bauarbeiten wurde 1959 begonnen.

Öffnungszeiten: Mo–Fr 9–20 Uhr, Sa 9–17 Uhr

Literatur:
Bauwelt (1968, Heft 21), München und seine Bauten nach 1912 (1984), Sep Ruf (1985)

69

Staatliche Antikensammlung
Königsplatz 1

Johannes Ludwig (Instandsetzung)

1967 (Instandsetzung)

Das Gebäude wurde in den Jahren 1838 bis 1848 von Georg Friedrich Ziebland als „Kunst- und Industrieausstellungsgebäude" im Auftrag König Ludwig I. errichtet und im Zweiten Weltkrieg bis auf die Umfassungsmauern und den Säulenportikus zerstört. Die Wiederaufbauarbeiten zum äußerlich unveränderten Museum für antike Kleinkunstgegenstände erfolgten im Inneren mit einem völlig neuen räumlichen Konzept und neuer Gestaltung.

Öffnungszeiten: Di–So 10–16.30 Uhr, Mi 12–20.30 Uhr

Literatur:
München und seine Bauten nach 1912 (1984), Johannes Ludwig (1984)

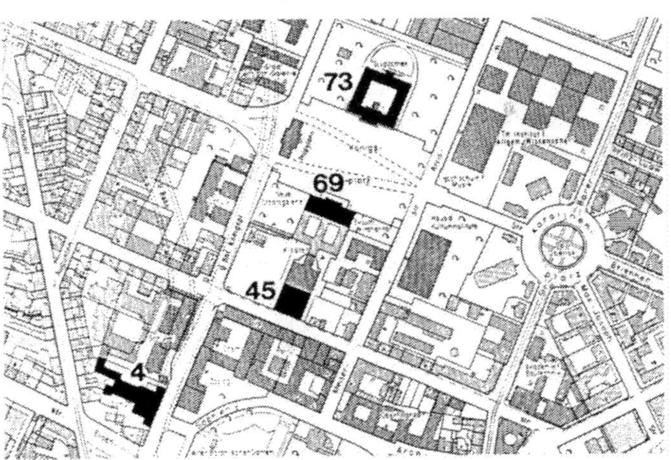

70 **Verwaltungsgebäude**
Bavariaring 14

Egon Eiermann

1967

Das Gebäude der Mannheimer Lebensversicherung wurde als Stahlbetonskelettbau konstruiert und hat um einen innenliegenden Erschließungskern variabel aufteilbare Geschoßflächen. Wie bei einer Reihe seiner anderen Bauten verwendete Egon Eiermann Steinzeugplatten zur Fassadenbekleidung.

Literatur:
Egon Eiermann (1984)

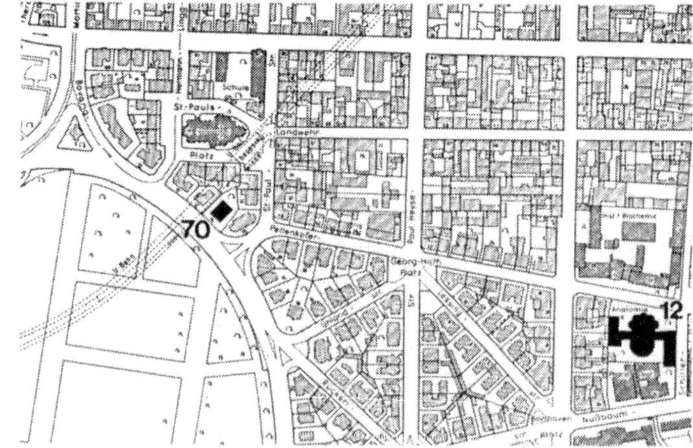

Paketposthalle
Arnulfstraße 195

Rudolf Rosenfeld und Herbert Zettel

1969

71

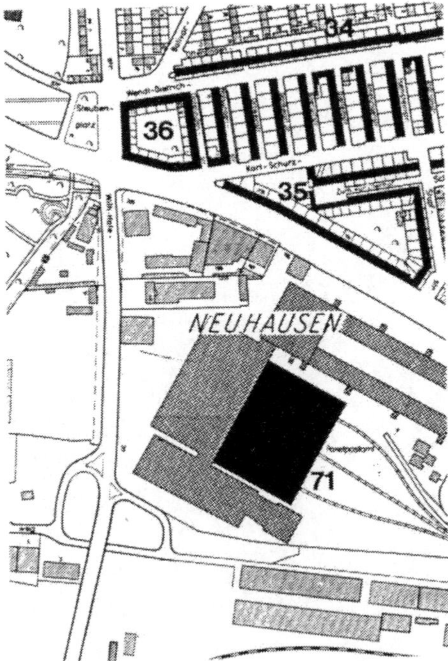

Die 124 Meter lange Halle wurde als Bogenfaltwerk aus etwa 1600 gleichen Betonfertigteilen konstruiert und überdeckt 15 Bahngleise. Mit einer Spannweite von 148 Metern war sie im Jahr der Fertigstellung die größte der bis dahin errichteten freitragenden Fertigteilhallen. Das Verhältnis der Gewölbeschalendicke zum Gewölberadius ist fünfmal kleiner als bei einem Hühnerei. Das gesamte Paketpostamt wurde von der Bauabteilung der Oberpostdirektion geplant, die Konstruktion wurde in Zusammenarbeit mit dem Ingenieurbüro Ulrich Finsterwalder entwickelt.

Literatur:
Die andere Tradition (1986), Zeit im Aufriß (1983), München und seine Bauten nach 1912 (1984)

72 Wohnanlage
Genter Straße 13

Otto Steidle, Ralph Thut und Doris Thut

1971

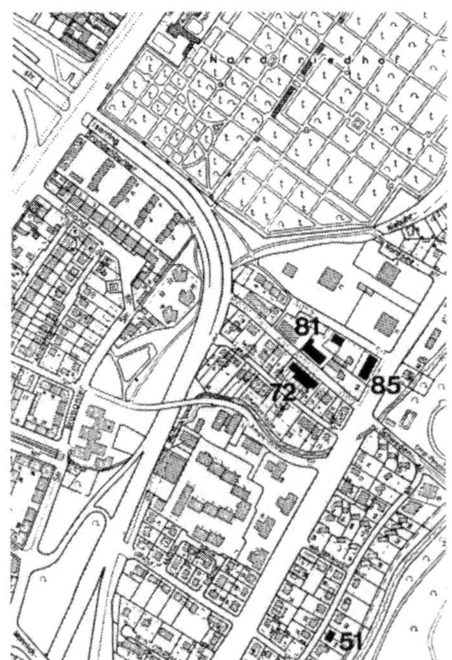

Die Wohnanlage besteht aus sechs Reihenhäusern und wurde unter Einbeziehung der späteren Bewohner geplant. Durch die Entwicklung eines variablen Bausystems mit einem Grundgerüst aus industriell vorgefertigten Stahlbetonteilen ist die Anpassung der Raumaufteilung und des Ausbauumfanges an individuell verschiedene Bedürfnisse auch im nachhinein möglich. Die einzelnen Wohnungsebenen sind jeweils in Hausmitte mit halber Geschoßhöhe gegeneinander versetzt angeordnet („split-level").

Literatur:
Die andere Tradition (1986), Zeit im Aufriß (1983), Otto Steidle (1985)

Glyptothek
Königsplatz 3

Josef Wiedemann (Instandsetzung)

1972 (Instandsetzung)

Die Glyptothek wurde in den Jahren 1816 bis 1831 durch Leo von Klenze im Auftrag König Ludwig I. für dessen Sammlung antiker Skulpturen gebaut und im Zweiten Weltkrieg bis auf die Umfassungsmauern zerstört. Die vorher mit Freskomalerei, Stuckmarmor und Mosaikböden farbenprächtige Innenausgestaltung wurde nach kontroversen Diskussionen stark vereinfacht. Gleichzeitig wurden die Räume durch bis zum Boden reichende Fenster zum einst begrünten Innenhof geöffnet und dieser um 80 Zentimeter angehoben.

Öffnungszeiten: Di–So 10–16.30 Uhr, Mi 12–20.30 Uhr

Literatur:
Glyptothek München (1980), Josef Wiedemann (1981), Aufbauzeit (1984), München und seine Bauten nach 1912 (1984)

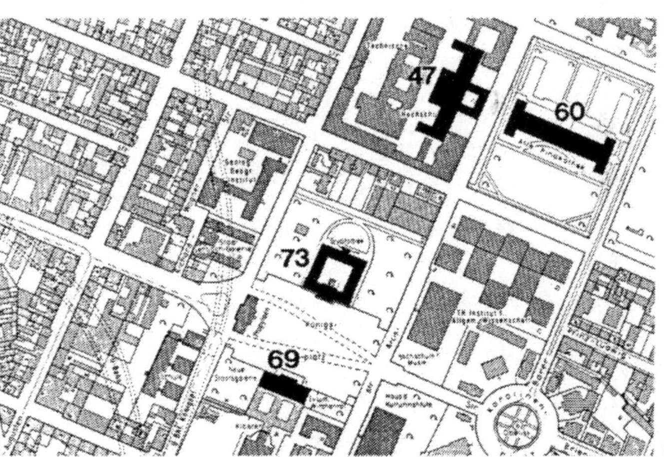

74 Verwaltungsgebäude und Museum
Petuelring 130

Karl Schwanzer

1972

Das etwa 100 Meter hohe Verwaltungszentrum der Bayerischen Motoren-Werke mit der zeichenhaften Gestalt eines „Vierzylinders" ist für 2.500 Mitarbeiter konzipiert und wurde als Hängekonstruktion ausgeführt. Der mittige Erschließungskern ist als vierarmiges Tragkreuz ausgebildet und trägt die zylindrischen Baukörper mit variabel unterteilbaren Etagen. Im Gegensatz zur vorgehängten Metallfassade des Hochhauses besteht das schalenförmige Museum aus Massivbeton und hat einen aluminiumfarbenen Anstrich.

Öffnungszeiten: Museum Mo–So 9–16 Uhr

Literatur:
Zeit im Aufriß (1983), München und seine Bauten nach 1912 (1984)

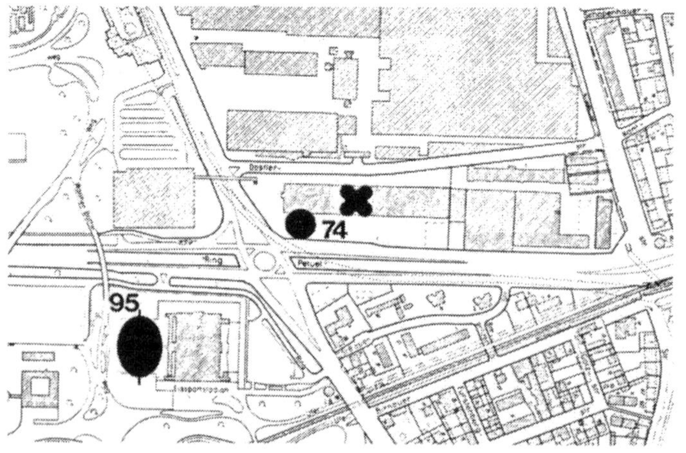

Wohnanlage
Kunigundenstraße 36

Rudi Then Bergh und Roswitha Then Bergh

1972

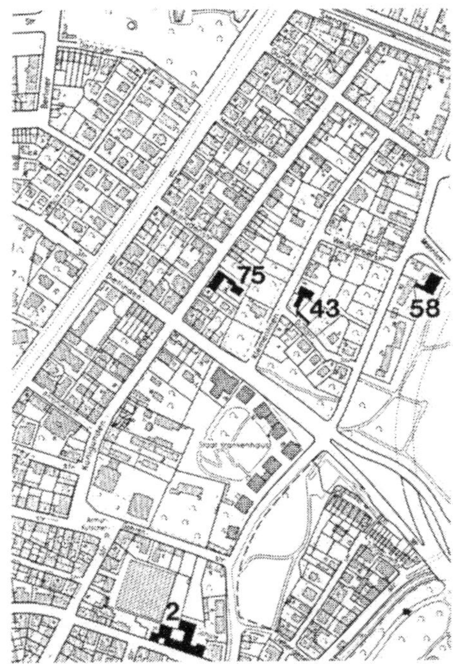

Die Anlage besteht aus einer winkelförmig angelegten Gruppe von vier baulich verbundenen Häusern in Stahlbetonskelettbauweise mit insgesamt 27 Wohneinheiten. Die Wohnungen im Erdgeschoß haben drei bis fünf Zimmer, sowie eigenen Gartenanteil, im ersten Obergeschoß ein bis zwei Zimmer und darüber drei oder vier Zimmer in zweigeschossiger Anordnung mit Dachterrassen.

Literatur:
Zeit im Aufriß (1983), München und seine Bauten nach 1912 (1984)

75

76 **Olympiastadion**
Spiridon-Louis-Ring

Günther Behnisch und Partner

1972

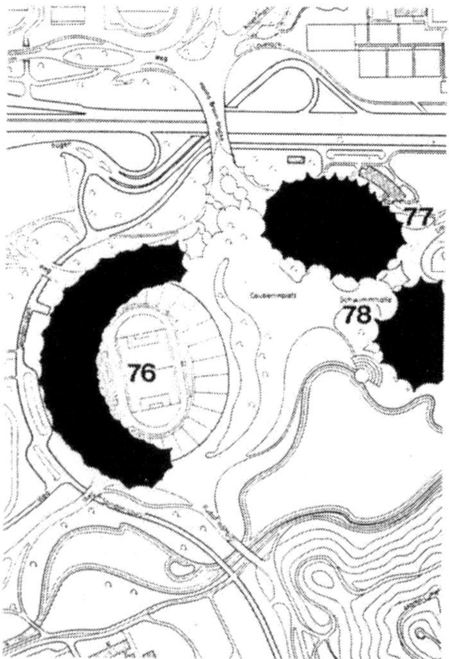

Das Stadion für etwa 80.000 Zuschauer wurde überwiegend in die eigens geschaffene Geländemodellierung des zuvor flachen Areals eingebaut und nur teilweise mit sichtbaren Tribünenhochbauten ausgeführt. Die vorgespannte Seilnetzkonstruktion der 34.500 qm großen Überdachung wird von zwölf rückverankerten Stahlpylonen gehalten und ist mit transparenten Acrylglasplatten eingedeckt. Die Konstruktion wurde in Zusammenarbeit mit Frei Otto und dem Ingenieurbüro Leonhard & Andrä, die Landschaftsgestaltung mit Günther Grzimek entwickelt.

Literatur:
Olympische Bauten München 1972 (1972), Stahlbauten in München und Umgebung (1974), Die andere Tradition (1986), Zeit im Aufriß (1983), München und seine Bauten nach 1912 (1984)

77

Olympiahalle
Spiridon-Louis-Ring

Günther Behnisch und Partner

1972

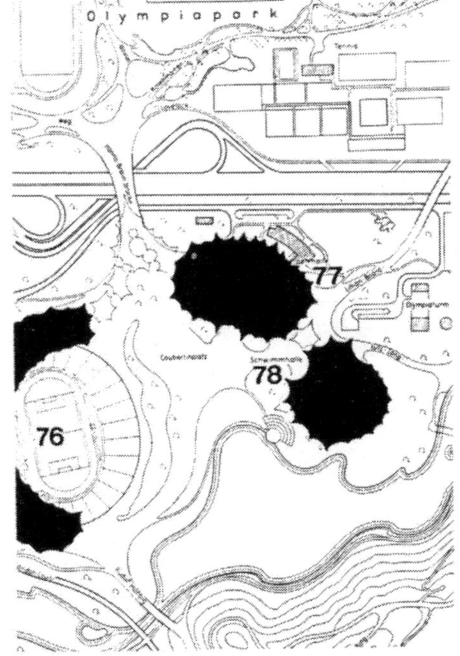

Die Zuschauerränge wurden wie beim Stadion weitgehend in eine Mulde des aufgeschütteten Geländes eingebaut und sind über das so entstandene Plateau von oben zugänglich. Die Halle ist für etwa 10.000 Besucher konzipiert und durch demontierbare Einbauten variabel nutzbar. Aus bauphysikalischen Gründen ist das Zeltdach zusätzlich mit einer transparenten Unterdecke versehen. Die 21.750 qm große Dachfläche wird von zwei Stahlmasten gehalten. Wie bei der Schwimmhalle (Nr. 78) sind die verglasten Außenwände als freistehende Fassaden konstruiert.

Literatur:
Olympische Bauten München 1972 (1972), Stahlbauten in München und Umgebung (1974), Die andere Tradition (1986), Zeit im Aufriß (1983), München und seine Bauten nach 1912 (1984)

78 **Olympiaschwimmhalle**
Coubertin-Platz

Günther Behnisch und Partner

1972

Die Dachkonstruktion der Schwimmhalle hat eine Fläche von 11.900 qm und wird von nur einem Stahlmast gehalten. Dem ansteigenden Gelände angepaßt, sind an einer Längsseite etwa 3.000 Zuschauerplätze angeordnet. Für die Dauer der olympischen Wettkämpfe waren gegenüberliegend Tribünen für über 7.000 Besucher aufgebaut. Neben dem Wettkampf- und dem Springerbecken gibt es unterirdisch ein Trainings-, ein Aufwärm- und ein Lehrschwimmbecken.

Öffnungszeiten: Mo–So 7–21.30 Uhr

Literatur:
Olympische Bauten München 1972 (1972), Stahlbauten in München und Umgebung (1974), Die andere Tradition (1986), Zeit im Aufriß (1983), München und seine Bauten nach 1912 (1984)

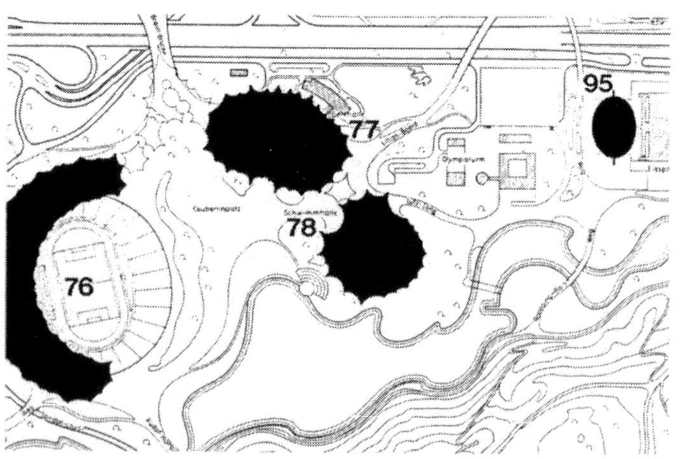

Sporthalle
Spiridon-Louis-Ring

Günther Behnisch und Partner

1972

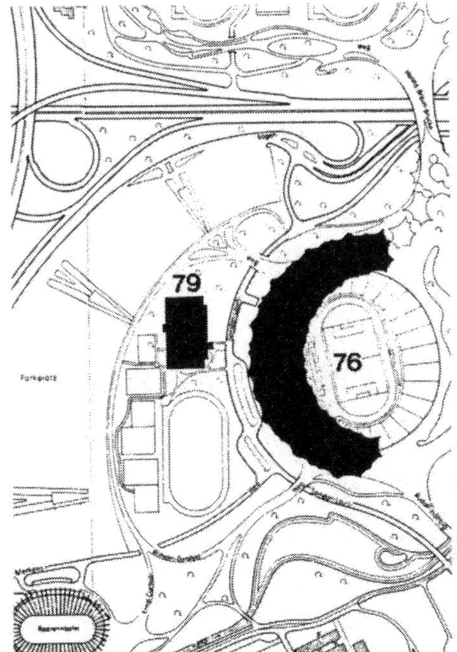

Die Halle mit einer Grundfläche von etwa 70 x 100 Metern wurde für das Aufwärmtraining der Teilnehmer an Sportveranstaltungen im benachbarten Olympiastadion gebaut. Der Hallenboden ist abgesenkt und mit Dreigurtbindern in Stahlrohrkonstruktion stützenfrei überspannt. Der Innenraum ist über rundum verglaste Außenwände und Plexiglashalbschalen über den Bindern natürlich belichtet.

Literatur:
Olympische Bauten München 1972 (1972), Stahlbauten in München und Umgebung (1974), Stahl und Form (1984)

79

80 Zentrale Hochschulsportanlage

Conollystraße 32

Erwin Heinle, Robert Wischer und Partner

1972

Die Anlage entstand im Rahmen der Gesamtplanung für die Olympischen Spiele und besteht aus 11 verschieden großen Sporthallen (Foto unten) mit Umkleidegebäude, einem Institutsgebäude (Foto oben) und 37 Freisportfeldern. Für die Stahlskelettbauten wurde im Außenbereich wetterfester Stahl verwendet, auf dem sich nach einiger Zeit eine rostähnliche Deckschicht bildet, die den Stahl dann vor weiterem Zerfall schützt. Während der Olympischen Spiele wurde das Institutsgebäude als Funk- und Fernsehzentrum genutzt.

Literatur:
Olympische Bauten München 1972 (1972), München und seine Bauten nach 1912 (1984)

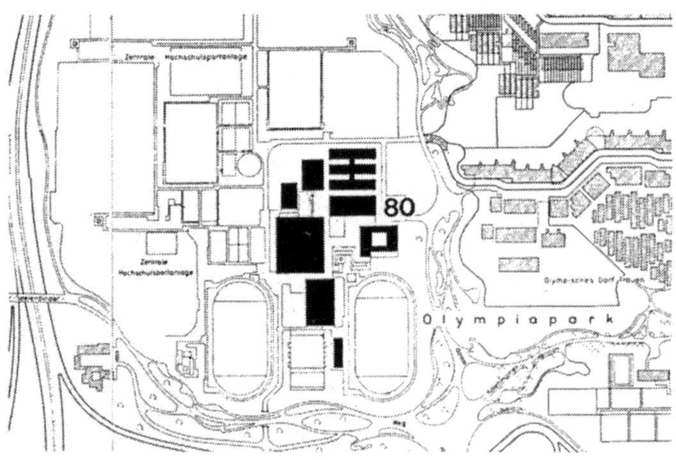

Wohnanlage
Peter-Paul-Althaus-Straße 7–9

Otto Steidle und Partner

1974, 1976

Die Hausgruppe gegenüber der mit dem gleichen Bausystem konstruierten Wohnanlage in der Genter Straße (Nr. 72) besteht aus einer Zeile mit sechs Reihenhäusern (1974, Foto oben) und weiteren zwei Wohneinheiten in einem rückwärtig angefügten Bauteil, sowie einer etwas später errichteten Zeile mit drei Reihenhäusern (1976, Foto unten).

Literatur:
Die andere Tradition (1986), Otto Steidle (1985)

81

82 **Wohnhaus**
Immergrünstraße 5 (Großhesselohe)

Adolf Schröter

1975

Das eigene Wohnhaus des Architekten steht auf einem schmalen Grundstück und ist daher an den Längsseiten weitgehend geschlossen. Wände und Decken des Stahlskelettbaus wurden aufgrund der konstruktiv einfachen Leichtbauweise in Eigenleistung und deshalb besonders kostengünstig errichtet. Die Wohnräume sind um einen innenliegenden Ver- und Entsorgungsbereich mit Küche, Bad, WC und Treppe entwickelt.

Literatur:
Detail (1976, Heft 6), Die andere Tradition (1986), München und seine Bauten nach 1912 (1984), Architektur zum Wohnen (1985)

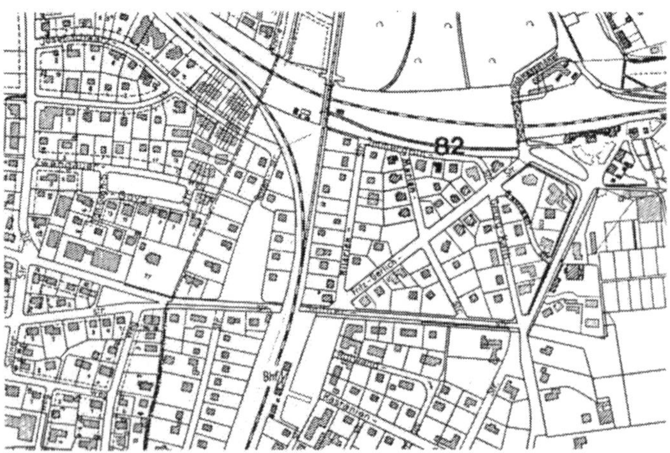

Verwaltungsgebäude
Sederanger 4–6

Uwe Kiessler und Partner

1976

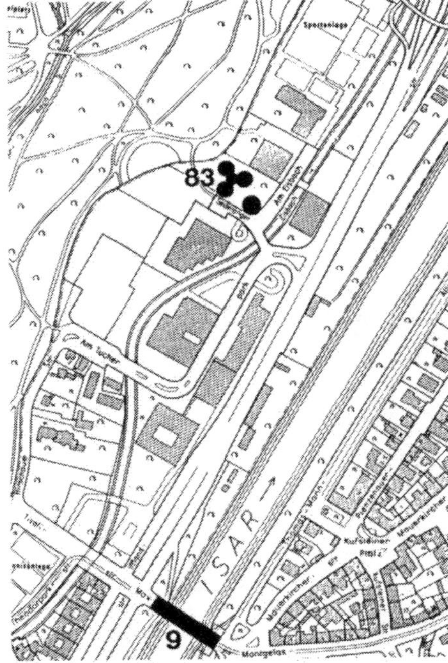

Das Verwaltungszentrum der Bayerischen Rückversicherung besteht aus einem Bürogebäude mit drei zylindrischen Baukörpern um einen innenliegenden Erschließungskern und, davon abgerückt, einem kreisrunden Kasinogebäude, die durch einen mehrgeschossigen Unterbau miteinander verbunden sind. Während der Kasinobau als Hängekonstruktion um den ebenfalls zentralen Ver- und Entsorgungskern ausgeführt wurde, sind die Decken des Bürogebäudes auf Randstützen gelagert. In beiden Gebäuden sind die Nutzflächen variabel unterteilbar. Das Kasinogebäude wurde 1991 um drei Geschosse erhöht

83

Literatur:
Bayerische Rück (1977), Die andere Tradition (1986), Zeit im Aufriß (1983), München und seine Bauten nach 1912 (1984), Baumeister (1991, Heft 9)

84 **Reithalle**
Landshamer Straße

Georg Küttinger und Ingrid Küttinger

1976

Die Halle steht auf dem Gelände der Reitanlagen in Riem und wurde bis auf die Fundamente und die Dachdeckung ganz aus Holz konstruiert. Die Grundfläche von etwa 75 x 36 Metern ist in Querrichtung von Dreigelenk-Fachwerkrahmenbindern überspannt und im Innenraum stützenfrei. Die Konstruktion wurde in Zusammenarbeit mit dem Ingenieurbüro Julius Natterer entwickelt.

Literatur:
Holzbauatlas (1978)

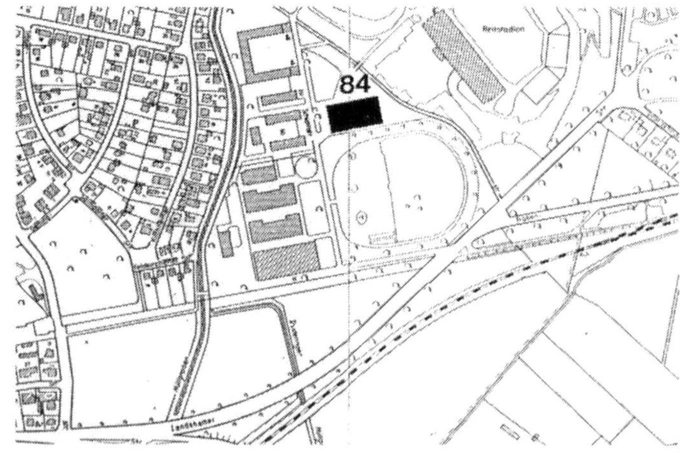

Wohnanlage
Osterwaldstraße 65–69

Otto Steidle und Partner

1976

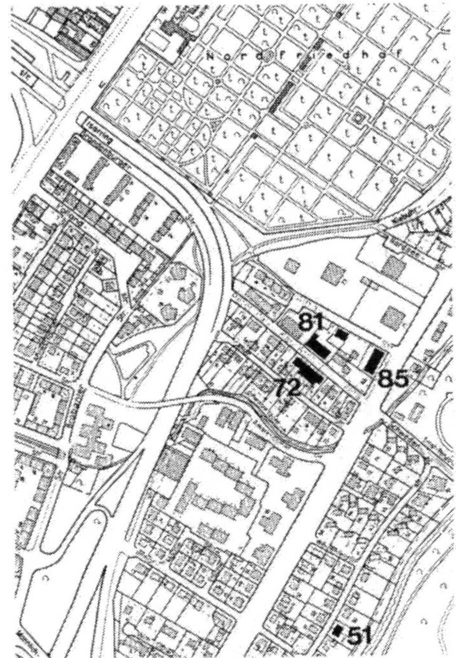

Die sechs Reihenhäuser wurden als letzter Bauabschnitt mit dem vereinfacht weiterentwickelten Bausystem, das schon beim Bau der Wohnanlagen in der Genter Straße (Nr. 72) und in der Peter-Paul-Althaus-Straße (Nr. 80) verwendet wurde, errichtet. Aufgrund der Vielzahl räumlicher Gestaltungsmöglichkeiten, sowie der inzwischen durchgeführten Umbauten und Erweiterungen gleicht auch hier kein Haus dem anderen.

Literatur:
Die andere Tradition (1986), München und seine Bauten nach 1912 (1984), Otto Steidle (1985), Architektur zum Wohnen (1985)

85

86 **Katholische Kirche St. Ignatius**
Guardinistraße 83

Josef Wiedemann

1978

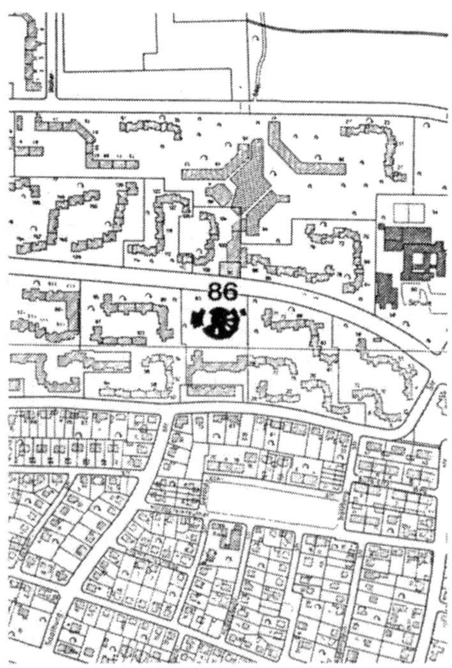

Die Kirche ist zugleich Mittelpunkt eines Gemeindezentrums und steht baulich bewußt im Gegensatz zur eintönigen Umgebung. Um den zwölfeckigen Kirchenbau sind radial Werktagskapelle, Kindergarten, Wohnungen, Pfarramt und Gemeindesäle in niedrigen Anbauten angeordnet. Das Zeltdach über dem Kirchenraum wird von einer sichtbaren Holzkonstruktion mit freistehenden Doppel-Rundstützen getragen. Der Altar ist zentral angeordnet und dreiseitig von Sitzreihen umgeben.

Öffnungszeiten: Kapelle Mo–So 8–18 Uhr

Literatur:
Josef Wiedemann (1981), Detail (1983, Heft 1)

87

Ingenieurbüro
Wolfratshauser Straße 50

Ekkehard Fahr und Partner

1978

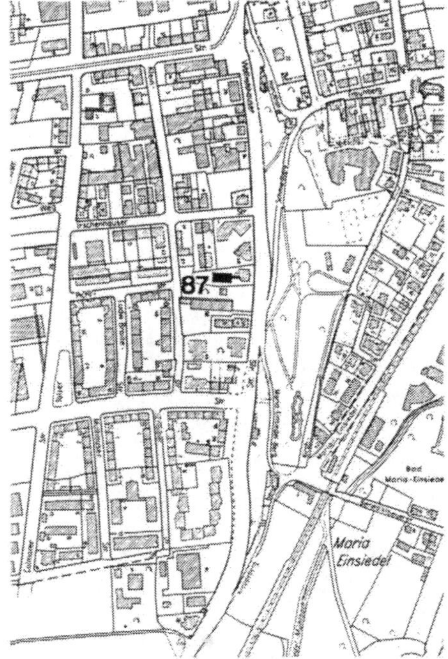

Der Holzskelettbau wurde auf Stützen über einer offenen Parkebene mit 22 Autostellplätzen errichtet, da eine betonierte Tiefgarage den vorhandenen Baumbestand gefährdet hätte. Durch die große Spannweite der Konstruktion ist der Innenraum stützenfrei und die Bürofläche variabel unterteilbar. Der Neubau ist durch einen verglasten Brückengang mit einer denkmalgeschützten Villa aus dem Jahre 1912 verbunden, die gleichzeitig renoviert wurde.

Literatur:
Bauwelt (1980, Heft 27), Deutsche Bauzeitung (1980, Heft 6), München und seine Bauten nach 1912 (1984)

88 **Wohnanlage**

Neubiberger Straße 28–30

Ralph Thut und Doris Thut

1978

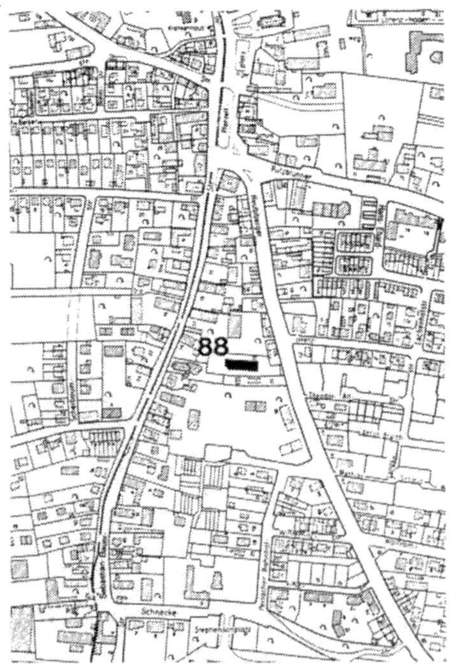

Die Wohnanlage wurde unter Mitwirkung der späteren Bewohner geplant und besteht aus sechs individuell gestalteten Reihenhäusern, die durch eine Gemeinschaftszone in einem vorgelagerten Glashaus miteinander verbunden sind. Aufgrund des einfachen bautechnischen Konzeptes wurde nach Errichtung der Teilunterkellerung und des tragenden Holzgerüstes, der weitere Ausbau durch die Bewohner selbst und dadurch besonders kostengünstig ausgeführt.

Literatur:
Archithese (1981, Heft 4), Die andere Tradition (1986), Deutsche Bauzeitung (1982, Heft 4), Zeit im Aufriß (1983), München und seine Bauten nach 1912 (1984)

Wohn- und Geschäftshaus
Feilitzschstraße 22–24

Heinz Hilmer und Christoph Sattler

1980

89

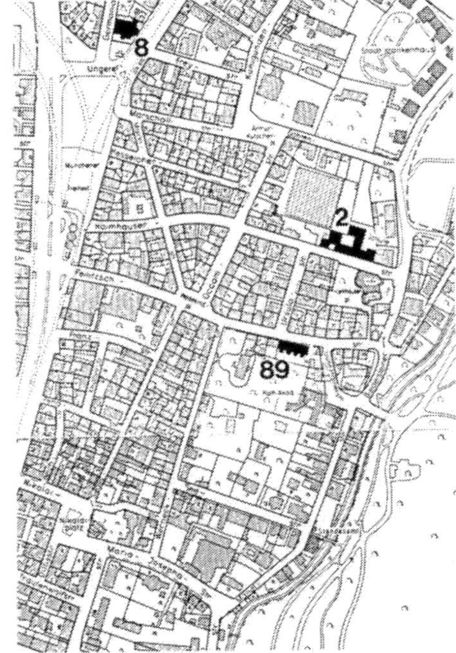

Das Haus wurde zur Gewährleistung größtmöglicher Beständigkeit unter Verwendung wertvoller Materialien gebaut. Im Erdgeschoß befinden sich vier Läden, in den Geschossen darüber insgesamt elf Wohnungen, die über zwei Treppenhäuser erschlossen sind. In den Wohnungen im ersten und zweiten Obergeschoß (alle mit 106 qm Wohnfläche) sind jeweils acht Räume um eine zentrale Diele angeordnet. Das Dach ist aus Betonfertigteilen konstruiert und entspricht der baurechtlich erlaubten zweigeschossigen Bauweise bei gleichzeitiger Unterbringung von zwei Wohngeschossen.

Literatur:
Baumeister (1978, Heft 1), Detail (1981, Heft 4), Werk, Bauen und Wohnen (1982, Heft 11), München und seine Bauten nach 1912 (1984), Architektur zum Wohnen (1985)

90 Squashhalle
Pippinger Straße 25

Ralph Thut und Doris Thut

1980
1993 umgebaut

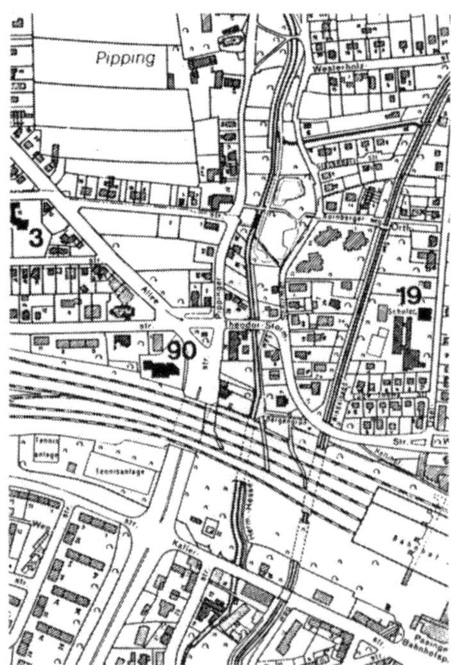

Die Sporthalle mit acht Squash-Spielfeldern wurde unter streng kommerziellen Gesichtspunkten geplant und deshalb in konstruktiv sowie handwerklich einfacher Bauweise ausgeführt. Wegen der knappen Grundstücksfläche wurden die erforderlichen Autostellplätze unter einem angehobenen Hallenteil angeordnet.
Das Gebäude wurde im Jahr 1993 ohne Mitwirkung der Architekten für eine andere Nutzung vollkommen umgebaut.

Literatur:
Archithese (1982, Heft 6), Bauwelt (1983, Heft 1 + 2)

Voliere im Tierpark Hellabrunn
Siebenbrunner Straße 6

Jörg Gribl mit Frei Otto

1980

91

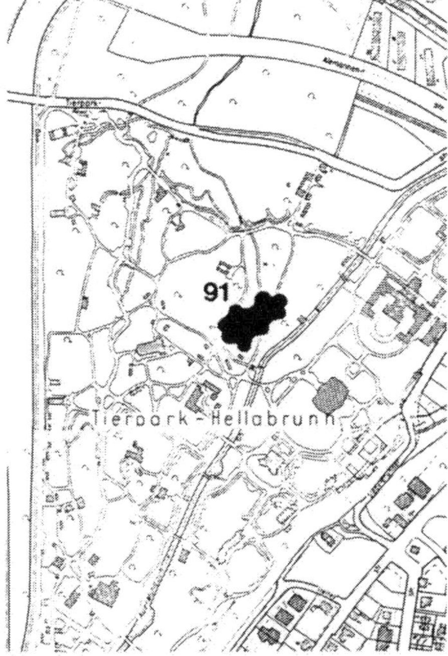

Das 6.400 qm große Edelstahlnetz des Vogelflugkäfigs ist gleichzeitig Raumbegrenzung und konstruktive Abspannung der zehn ansonsten frei beweglichen Stahlmasten, die das Flächentragwerk in der Höhe halten. Die Konstruktion wurde in Zusammenarbeit mit dem englischen Ingenieurbüro Edmund Happold entwickelt. Die Landschaft des Freigeheges ist den natürlichen Lebensräumen der dort gehaltenen Vögel nachempfunden und wurde ebenfalls vom Architekten gestaltet.
Öffnungszeiten: Mo–So 9–17 Uhr

Literatur:
München und seine Bauten nach 1912 (1984)

92 Wohnhaus
Erlkönigstraße 11

Rüdiger Möller

1982

Das Haus hat im Erdgeschoß eine Einliegerwohnung und wurde in Massivbauweise errichtet (Wohnflächen: 156 und 28 qm). Gegenüber den umliegenden Siedlungshäusern erlaubt das Mansarddach eine wesentlich größere Nutzung des Dachraumes. Zur besseren Belichtung der Räume im Dachgeschoß ist der traufseitige Dachüberstand verglast.

Literatur:
Baumeister (1984, Heft 7), Architektur zum Wohnen (1985)

93

Wohnanlage
Wilhelm-Raabe-Straße 6

Thomas Herzog und Partner

1982

Die Wohnanlage besteht aus zwei Baukörpern mit insgesamt vier unterschiedlich großen Wohneinheiten (32, 59, 100 und 128 qm Wohnfläche) in der Breite von einem, zwei, drei und vier Feldern der Grundstruktur des Holzskeletts. Die architektonische Gestalt ist baulich konsequent auf die Nutzung direkter und indirekter Sonnenenergie ausgerichtet. Die schräge Südfassade ist zweischalig mit Luftzwischenraum konstruiert und zugleich Dach.

Literatur:
Zeit im Aufriß (1983), München und seine Bauten nach 1912 (1984), Die andere Tradition (1986), Architektur zum Wohnen (1985)

94 **Backhalle**
Buttermelcherstraße 16

Uwe Kiessler und Partner

1982

Der im Inneren stützenfreie Stahlbau wurde als Erweiterung der Bäckerei Rischart rückwärtig an ein bestehendes Hofgebäude angebaut und durch einen verglasten Gang mit ihm verbunden. Die größtmögliche Bebauung der engen Grundstücksfläche im zweiten Hinterhof bedingte weitgehend geschlossene Umfassungswände und schon deshalb großflächige Tagesbelichtung von oben. Wegen seiner Lage ist das Gebäude nur nach vorheriger Anfrage zu besichtigen.

Literatur:
Detail (1984, Heft 5), Bauwelt (1984, Heft 29), Deutsche Bauzeitung (1984, Heft 11)

95

Überdachung der Freieisfläche im Olympiapark
Spiridon-Louis-Ring 3

Kurt Ackermann und Partner

1983

Über der vorher witterungsabhängig betriebenen Eisfläche von 60 x 45 Metern ist ein Flächentragwerk aus zwei verknüpften Stahlseilnetzen an einem Bogenträger mit einer Spannweite von etwa 100 Metern aufgehängt und über Randstützen abgespannt. Die Dachhaut aus transparenter Kunststoffolie mit Gewebeeinlage ist auf einer Holzrost-Zwischenlage montiert. Die Konstruktion wurde in Zusammenarbeit mit dem Ingenieurbüro Jörg Schlaich entwickelt.

Literatur:
Werk, Bauen und Wohnen (1982, Heft 11), Zeit im Aufriß (1983), München und seine Bauten nach 1912 (1984), Stahl und Form (1983)

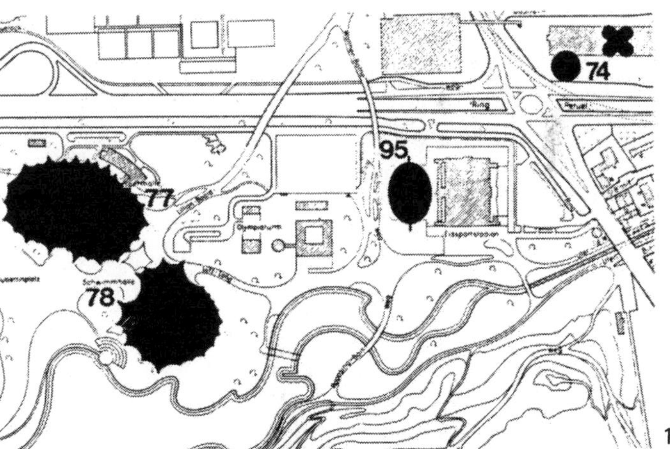

96 Wohnhaus

Am Blütenring 16

Rüdiger Möller

1983

Das Einfamilienhaus mit 221 qm Wohnfläche wurde in Massivbauweise errichtet und ist räumlich großzügig um eine zweigeschossige Eingangshalle organisiert. Die Dachform erlaubt eine nahezu uneingeschränkte Nutzung des ausgebauten Dachraumes und entspricht der baurechtlich zugelassenen zweigeschossigen Bauweise.

Literatur:
Baumeister (1984, Heft 7), Architektur zum Wohnen (1985)

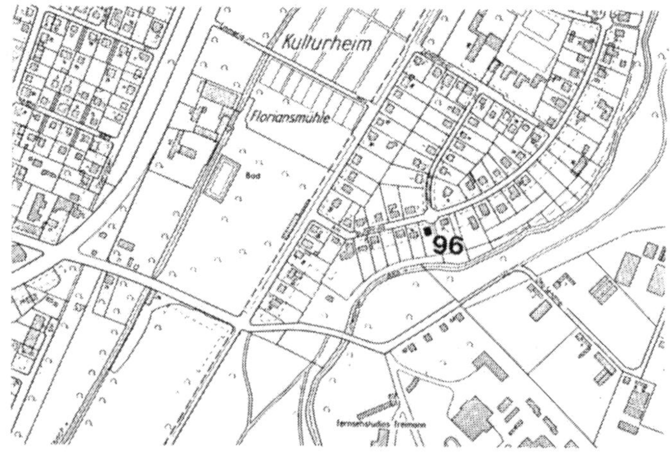

Eisenberg Seniorenheim
Kaulbachstraße 65

Helmut Bier, Hans Korn
und Hansjürg Zeitler

1983

97

Das Seniorenheim der Israelitischen Kultusgemeinde besteht aus zwei winkelförmig zusammengefügten Häusern in zweischaliger Massivbauweise und ist für 53 Bewohner konzipiert. Im Erdgeschoß befinden sich straßenseitig (Foto) zwei Läden, zur Gartenseite die Eingangshalle mit seitlichem Zugang und im Gartenflügel der Speisesaal. In den Geschossen darüber sind insgesamt 33 Einzimmer- und 15 Zweizimmer-Appartements angeordnet. Der Dachraum des Hauptgebäudes ist zweigeschossig ausgebaut.

Literatur:
München und seine Bauten nach 1912 (1984)

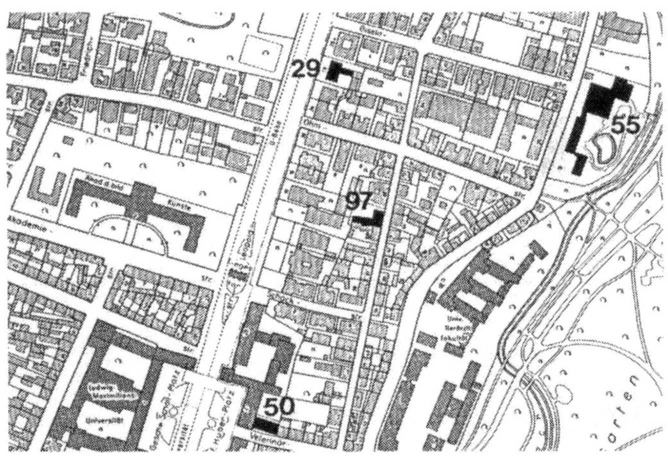

98 **Verwaltungsgebäude**
Zamdorfer Straße 120

Uwe Kiessler und Partner

1984

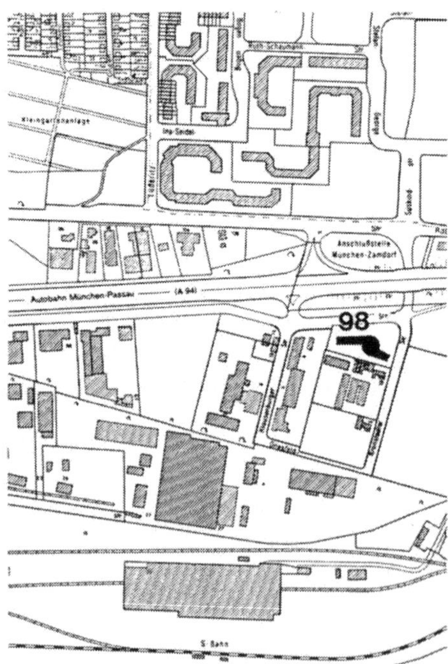

Das Gebäude der Firma Softlab, die Computerprogramme entwickelt, wurde als Stahlbetonskelettbau ausgeführt. Im zylinderförmigen Mittelbau befindet sich im angehobenen Erdgeschoß die Eingangshalle, in den Geschossen darüber liegen klimatisierte Computerräume. In den beiden Flügelbauten sind überwiegend Einzelbüros angeordnet. Um den Bau einer Tiefgarage und damit verbundene aufwendige Gründungsmaßnahmen zu vermeiden, wurde das Gelände etwas abgesenkt und wurden sämtliche Autostellplätze oberirdisch angelegt.

Literatur:
Detail (1986, Heft 4)

Druckereigebäude
Zamdorfer Straße 40

Peter C. von Seidlein und Partner
mit Claus Winkler, Edwin Effinger

1985

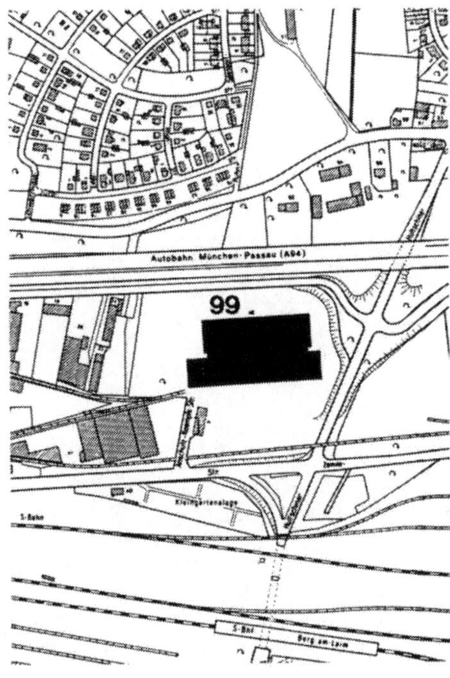

Die überwiegend aus Stahl konstruierte Druckerei des Süddeutschen Verlages ist konsequent auf die Produktion einer Tageszeitung ausgerichtet. Auf der Südseite wird das Papier direkt in feuersichere Lagerräume eingeliefert und anschließend in der 180 Meter langen Rotationsmaschinenhalle bedruckt. Die Bedienungsseite der Druckmaschinen ist zwischen den sieben Fluchttreppenhäusern über Schrägverglasungen natürlich belichtet, die gleichzeitig den Höhenunterschied zur vorgelagerten Weiterverarbeitungshalle überbrücken, in der die Zeitungen verpackt, adressiert und schließlich auf der Nordseite ausgeliefert werden.

99

Literatur:
Detail (1986, Heft 4), Stahl und Form (1985)

100 **Fußgängerbrücke**
Schenkendorfstraße

Richard J. Dietrich

1985

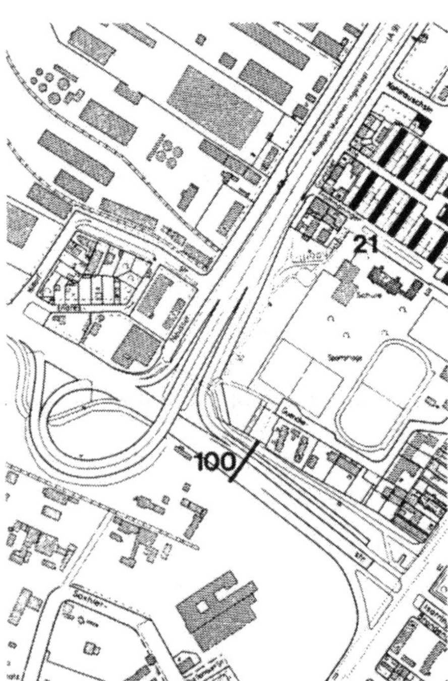

Die Brücke mit einer Spannweite von etwa 70 Metern ist eine räumlich verspannte Hängekonstruktion aus Stahl und verbindet das neu entstandene Wohngebiet an der Berliner Straße mit einer Sportanlage und einer Schule. Die statischen und dynamischen Berechnungen wurden vom Ingenieurbüro Suess + Staller ausgeführt. Auftraggeber war die Gemeinnützige Bayerische WohnungsAG.

Literatur:
Neues Wohngebiet Berliner Straße (1987), Detail (1987, Heft 5)

Wohn- und Geschäftshaus
Kirchenstraße 1

Heinz Hilmer und Christoph Sattler

1986

Das Haus ist auf der Rückseite geschoßweise nach oben zurückgestuft, um die baurechtlich notwendigen Abstände zur gegenüberliegenden Bebauung einzuhalten. Im Erdgeschoß befindet sich ein Laden, im ersten und zweiten Obergeschoß sind Büros, darüber Wohnungen mit zwei bis fünf Zimmern von 53 bis 170 qm Wohnfläche.

Literatur:
Baumeister (1987, Heft 3), The Architect's Journal (1988, Heft 38)

101

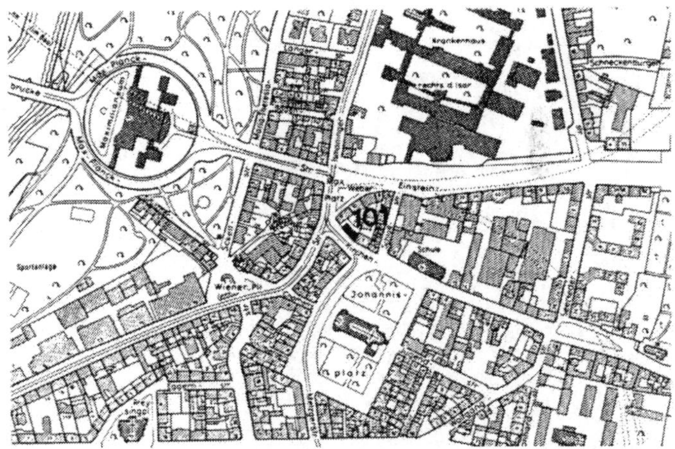

102 **Wohnhaus**
Veroneser Straße 3

Horst Teppert

1986

Das eigene Wohnhaus des Architekten ist als Stahlskelettbau konstruiert und außen mit Wellblech verkleidet. Im Inneren sind die konstruktiven Bauteile sichtbar gelassen. Zugunsten größtmöglicher Offenheit und Flexibilität wurden keine raumhohen Trennwände errichtet. Im Erdgeschoß befindet sich der Wohnbereich, im Obergeschoß der Schlafbereich und im Dachgeschoß ein Atelierraum. Die einfache Hausform mit dem steilen Dach orientiert sich an den benachbarten Siedlungshäusern aus den dreißiger Jahren.

Literatur:
Detail (1990, Heft 1),
Häuser (1991, Heft 2)

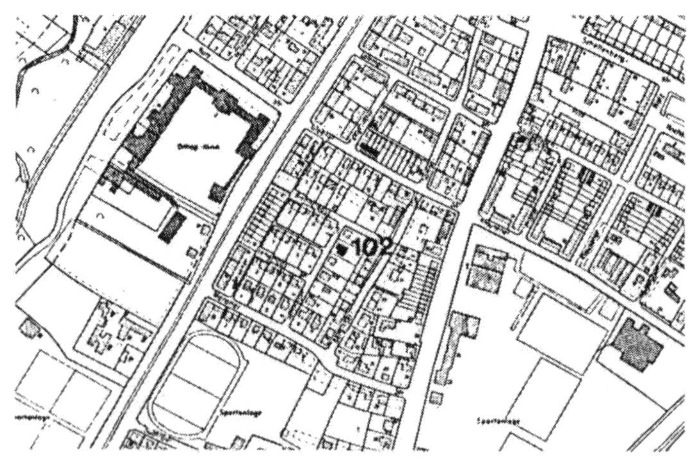

Wohnanlage
Groffstraße

Otto Steidle und Partner
und SEP Jochen Baur und Patrick Deby

1987

103

Die Wohnanlage wurde als Ergebnis eines Architektenwettbewerbs aus dem Jahre 1980 im Rahmen des sozialen Wohnungsbaus errichtet. Das Modellprojekt für „Integriertes Wohnen" von Behinderten, Alten und kinderreichen Familien besteht aus neun Häusern mit 101 Wohnungen von 42 bis 106 qm Wohnfläche (eineinhalb bis vier Zimmer, Küche, Bad, WC). Um den vorhandenen Baumbestand durch den Bau einer Tiefgarage nicht zu gefährden, sind die erforderlichen Autostellplätze ebenerdig angelegt. Auftraggeber war die Gemeinnützige Wohnungsfürsorge AG.

Literatur:
Architektur zum Wohnen (1985)

104 **Verwaltungsgebäude**
Hofmannstraße 51

Richard Meier and Partners

1990

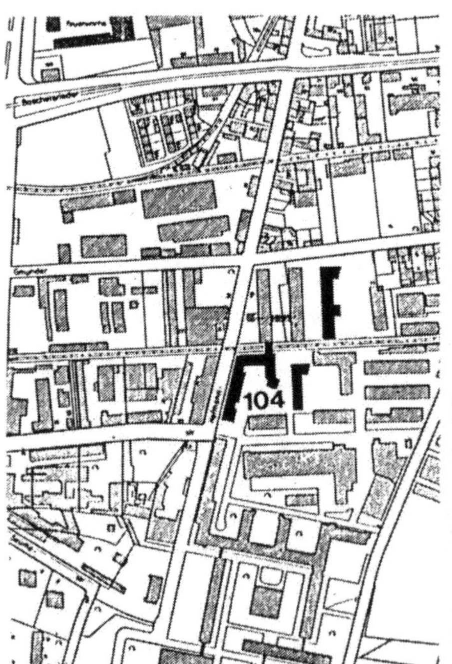

Die drei Gebäude mit Büro- und Laborräumen sind der erste Bauabschnitt einer umfangreichen Neuordnung des Betriebsgeländes der Firma Siemens in Obersendling. Die formale Gestaltung der Baukörper und die Verwendung von weiß beschichteten Aluminiumblechtafeln als Fassadenbekleidung sind als charakteristische Merkmale des New Yorker Architekten weltweit bekannt.

Literatur:
Baumeister (1991, Heft 4)

Wohnheim
Baaderstraße 88

Heinz Hilmer und Christoph Sattler

1989

105

Das Wohnheim hat insgesamt 156 Einzimmer-Appartements (Wohnfläche 15 bis 20 qm) für Mitarbeiter der Deutschen Bundespost, die sich zur Fortbildung oder Ausbildung in München aufhalten. Im Erdgeschoß befinden sich zusätzlich Gemeinschaftsräume und Werkstätten des Fernmeldeamtes. Das Gebäude wurde in Massivbauweise errichtet.

Literatur:
Baumeister (1990, Heft 8)

106 Kindergarten

An der Tuchbleiche 24

Hansjürg Zeitler

1991

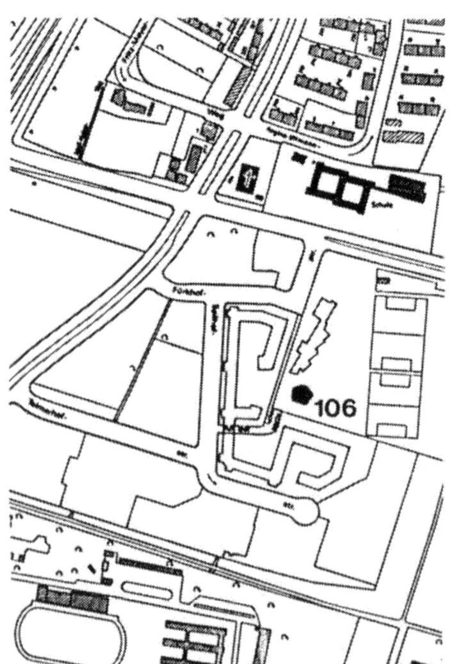

Der Kindergarten mit 3 Gruppenräumen, 2 Nebenräumen und einem Mehrzweckraum ist in Form eines Fünfecks um einen offenen Innenhof angelegt. Die Tragwerkkonstruktion ist aus Holz, die Außenwände sind aus massivem Ziegelmauerwerk, die Dachflächen wurden begrünt. Im Innenraum hat die Künstlerin Scarlett Berner-Roth einige der tragenden Rundholzstützen farbig bemalt. Auftraggeber war die Stadt München.

Literatur:

Leonardo (1992, Heft 4)

Kunstsammlungsgebäude
Oberföhringer Straße 103

Jacques Herzog und Pierre de Meuron

1992

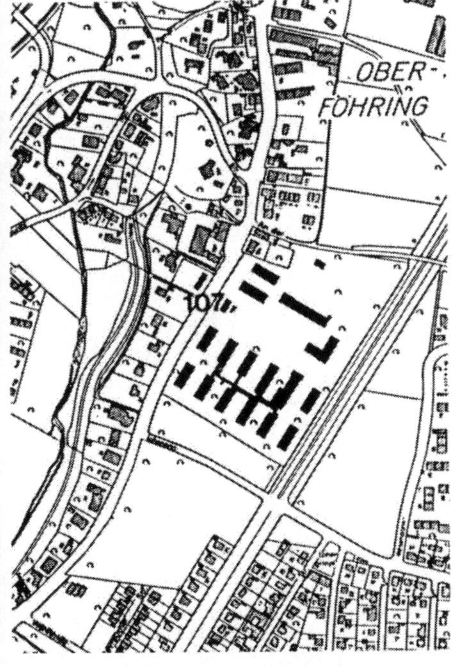

Das zweigeschoßige Gebäude wurde für eine private Kunstsammlung errichtet und entspricht in seiner sachlichen Konzeption dem Charakter der Kunstwerke aus den sechziger Jahren bis zur Gegenwart, die darin aufbewahrt sind. Das Obergeschoß ist aus Holz konstruiert und entsprechend dem Baumbestand auf dem Grundstück außen mit Birkenholzplatten verkleidet. Das Untergeschoß ist aus Beton und bis zur halben Höhe in die Erde eingelassen. Die wechselnden Ausstellungen sind nur nach telefonischer Anfrage bei Frau Ingvild Goetz zu besichtigen.

Literatur:
Baumeister (1993, Heft 5),
Herzog & de Meuron (1992)

Literaturverzeichnis

Walther Schmidt, **Amtsbauten,** Ravensburg 1949

Peter M. Bode, **Architektur zum Wohnen,** München 1985

Winfried Nerdinger (Hg.), **Aufbauzeit.** Planen und Bauen München 1945-1950 (Katalog), München 1984

Bayerisches Landesamt für Denkmalpflege (Hg.), **Bauen in München 1890-1950,** (Arbeitsheft 7) München 1980, S. 41-61; W. Nerdinger, Neue Strömungen und Reformen zwischen Jugendstil und Neuem Bauen

Bayerische Rückversicherung (Hg.), **Bayerische Rück.** Verwaltungsneubau, München 1985

Michael Petzet (Hg.), **Denkmäler in Bayern.** Band I.1 Landeshauptstadt München, München 1985

Bundesverband der Deutschen Ziegelindustrie (Hg.), **Der Mauerziegel.** Ein Technisches Handbuch, Bonn 1964

Bayerische Rückversicherung (Hg.), **Die andere Tradition.** Architektur in München von 1800 bis heute (Katalog), München 1986

P. Schreiner, M. Michel, A.C. Woltmann, **Die Borstei.** Ein zeitloses Modell für ein menschliches Wohnen, München 1987

Kathryn Bloom Hiesinger (Hg.), **Die Meister des Münchner Jugendstils** (Katalog), München 1988

Die Zollneubauten an der Landsbergerstraße in München, München 1912

Münchner Stadtmuseum (Hg.), **Die Zwanziger Jahre in München** (Katalog), München 1979

Technische Universität München und Bund Deutscher Architekten (Hg.), **Hans Döllgast.** 1891-1974 (Katalog), München 1987

Wulf Schirmer, **Egon Eiermann** 1904-1970, Stuttgart 1984

Theodor Fischer. Wohnhausbauten, Leipzig 1911

Theodor Fischer. Öffentliche Bauten, Leipzig 1922

Winfried Nerdinger, **Theodor Fischer.** Architekt und Städtebauer 1862-1938 (Katalog), Berlin 1988

Klaus Vierneisl und Gottlieb Leinz (Hg.), **Glyptothek München** 1830-1980 (Katalog), München 1980

Lehrstuhl für Grundlagen der Gestaltung und Darstellung der Technischen Universität München (Hg.), **Franz Hart.** Bauten, Projekte, Schriften, München 1980

Wilfried Wang, **Herzog & de Meuron,** Zürich 1992

Karl-Heinz Götz, Dieter Hoor, Karl Möhler, Julius Natterer, **Holzbauatlas,** München 1978

Georg Jakob Wolf, **Max Littmann.** Das Lebenswerk eines deutschen Architekten, München 1931

Lehrstuhl für Entwerfen, Raumgestaltung und Sakralbau der Technischen Universität München (Hg.), **Johannes Ludwig.** Bauten, Projekte, Möbel (Katalog), München 1984

Udo Kultermann, **Wassili und Hans Luckhardt.** Bauten und Entwürfe, Tübingen 1958

Bayerischer Architekten- und Ingenieurverband (Hg.), **München und seine Bauten nach 1912,** München 1984

Christoph Hackelsberger, **München und seine Isarbrücken,** München 1981

Die Neue Sammlung (Hg.), **Neues Bauen in alter Umgebung** (Katalog), München 1987

Gemeinnützige Bayerische Wohnungs AG (Hg.), **Neues Wohngebiet Berliner Straße,** München 1987

Olympia-Baugesellschaft München (Hg.), **Olympische Bauten München 1972.** Architekturwettbewerbe, 3. Sonderband, Stuttgart 1972

Alfred Ziffer (Hg.), **Bruno Paul.** Deutsche Raumkunst und Architektur zwischen Jugendstil und Moderne, München 1992

Bauunternehmung Sager & Woerner (Hg.), **Prinzregenten-Brücke München,** Aschaffenburg-München 1901

Winfried Nerdinger (Hg.), **Richard Riemerschmid.** Vom Jugendstil zum Werkbund (Katalog), München 1982

Hans Wichmann, **Sep Ruf.** Bauten und Projekte, Stuttgart 1986

Deutscher Stahlbauverband (Hg.), **Stahlbauten in München und Umgebung,** Köln 1971

Ulrich Conrads und Manfred Sack (Hg.), **Otto Steidle** (Reißbrett 3), Braunschweig/Wiesbaden 1985

Winfried Nerdinger, **Süddeutsche Bautradition im 20. Jahrhundert** (Katalog), München 1985

Bayerisches Landesamt für Denkmalpflege (Hg.), **Vom Glaspalast zum Gaskessel.** Münchens Weg ins technische Zeitalter (Arbeitsheft 3), München 1978

Florian Aicher und Uwe Drepper (Hg.), **Robert Vorhoelzer.** Ein Architektenleben (Katalog), München 1990

Lehrstuhl für Entwerfen und Denkmalpflege der Technischen Universität München (Hg.), **Josef Wiedemann.** Bauten und Projekte (Katalog), München 1981

Bayerische Architektenkammer (Hg.), **Zeit im Aufriß.** Architektur in Bayern nach 1945 (Katalog), München 1983

Architekten-Register

Architekt	Nr.	Objekt
Ackermann, Kurt und Partner	95	Überdachung der Freieisfläche im Olympiapark, Spridon-Louis-Ring
Badberger, Karl	27	Bayerisches Landesamt für Maß und Gewicht, Franz-Schrank-Straße 9
Behnisch, Günther und Partner	76	Olympiastadion, Spiridon-Louis-Ring
	77	Olympiahalle, Spiridon-Louis-Ring
	78	Olympiaschwimmhalle, Coubertin-Platz
	79	Werner-von-Linde-Sporthalle, Spiridon-Louis-Ring
Beetz	14	Wohnsiedlung, Barbarastraße
Biehler, Bruno	33	Wohnsiedlung Friedenheim, Fürstenrieder Straße
Bier, Helmut	97	Eisenberg-Seniorenheim, Kaulbachstraße 65 (mit Hans Korn und Hansjürg Zeitler)
Borst, Bernhard	22	Wohnsiedlung Borstei, Dachauer Straße
Branca, Alexander von	57	Katholische Kirche Herz Jesu, Buttermelcherstraße 10 (mit Herbert Groethuysen)
Dietrich, Richard J.	100	Fußgängerbrücke, Schenkendorfstraße
Döllgast, Hans	34	Wohnsiedlung Neuhausen, Arnulfstraße
	42	Katholische Kirche St. Raphael, Lechelstraße 54
	45	Katholische Kirche St. Bonifaz, (Instandsetzung), Karlstraße 34
	52	Wohnhaus, Nederlinger Straße 7
	53	Alter und Neuer Südlicher Friedhof (Instandsetzung), Thalkirchner Straße
	54	Alter Nördlicher Friedhof (Instandsetzung), Arcisstraße
	60	Alte Pinakothek (Instandsetzung), Barer Straße 27
	68	Bayerische Staatsbibliothek, Ludwigstraße 16 (mit Helmut Kirsten, Sep Ruf, Georg Werner)
Eiermann, Egon	70	Verwaltungsgebäude (Mannheimer Lebensversicherung), Bavariaring 6
Fahr, Ekkehard	87	Ingenieurbüro, Wolfratshauser Straße 50
Fick, Roderich	43	Wohnhaus, Klementinenstraße 8

	Nr.	
	44	Verlagsgebäude (C.H. Beck Verlag), Wilhelmstraße 9
Fischer, Theodor	2	Volksschule, Haimhauserstraße 23
	4	Höhere Töchterschule und Gewerbeschule, Luisenstraße 7 + 9
	5	Luitpoldbrücke (Prinzregentenbrücke), Prinzregentenstraße
	7	Volksschule, Elisabethplatz 4
	8	Evangelische Erlöserkirche, Ungererstraße 13
	9	Max-Joseph-Brücke, Tivolistraße
	13	Wohnanlage, Stadtlohner Straße
	15	Wohnanlage, Gunzenlehstraße
	18	Polizeidirektion, Ettstraße 2
	20	Wohnanlage, Zielstattstraße
	21	Wohnsiedlung Alte Heide, Fröttmaninger Straße
	24	Evangelische Waldkirche, Kreuzwinkelstraße (Planegg)
	26	Ledigenheim, Bergmannstraße 35
Gribl, Jörg	91	Voliere im Tierpark Hellabrunn, Siebenbrunner Straße 6
Groethuysen, Herbert	57	Katholische Kirche Herz Jesu, Buttermelcherstraße 10 (mit Alexander von Branca)
Gsaenger, Gustav	46	Volksschule (Instandsetzung), Türkenstraße 68
Hart, Franz	63	Deutsches Patentamt, Zweibrückenstraße 12 (mit Georg H. Winkler)
	67	Parkhaus mit Verwaltungsgebäude (Bayerische Staatsbank), Salvatorplatz 3
Heichlinger, Albert	48	Umkleidegebäude im Ungererbad, Traubestraße 3
Heinle, Erwin	80	Zentrale Hochschulsportanlage, Conollystraße 32 (mit Robert Wischer und Partner)
Herzog, Jacques	107	Kunstsammlungsgebäude, Oberföhringer Straße 103 (mit Pierre de Meuron)
Herzog, Thomas und Partner	93	Wohnanlage, Wilhelm-Raabe-Straße 6
Hilmer, Heinz	89	Wohn- und Geschäftshaus, Feilitzschstraße 22-24 (mit Christoph Sattler)
	101	Wohn- und Geschäftshaus, Kirchenstraße 1 (mit Christoph Sattler)
	105	Wohnheim, Baaderstraße 88 (mit Christoph Sattler)
Jäger, Carl	32	Wohnsiedlung Walchenseeplatz, Walchenseeplatz
Kaiser, Hugo	17	Hauptzollamt, Landsberger Straße 124

	Nr.	
Kiessler, Uwe	83	Verwaltungsgebäude (Bayerische Rückversicherung), Sederanger 4-6
	94	Backhalle, Buttermelcherstraße 16
	98	Verwaltungsgebäude (Softlab), Zamdorfer Straße 120
Kirsten, Helmut	68	Bayerische Staatsbibliothek, Ludwigstraße 16 (mit Hans Döllgast, Sep Ruf, Georg Werner)
Korn, Hans	97	Eisenberg-Seniorenheim, Kaulbachstraße 65 (mit Helmut Bier und Hansjürg Zeitler)
Küttinger, Georg und **Ingrid**	84	Reithalle, Landshamer Straße
Kurz, Otto Orlando	36	Wohnanlage, Steubenplatz
Lechner, Johann	31	Wohnsiedlung Neuharlaching, Naupliastraße (mit Fritz Norkauer)
Leitensdorfer, Hermann	28	Verwaltungsgebäude (Stadt München), Blumenstraße 28b
Littmann, Max	10	Geschäftshaus, Theatinerstraße 38
	11	Verlagsgebäude (Münchner Neueste Nachrichten), Sendlinger Straße 80
	12	Königliche Anatomie, Pettenkoferstraße 11
Luckhardt, Hans	61	Landesversorgungsamt, Heßstraße 89 (mit Wassili Luckhardt)
Luckhardt, Wassili	61	Landesversorgungsamt, Heßstraße 89 (mit Hans Luckhardt)
Ludwig, Johannes	69	Staatliche Antikensammlung (Instandsetzung), Königsplatz 1
	59	Evangelische Paul-Gerhard-Kirche, Mathunistraße 23
Meier, Richard and Partners	104	Verwaltungsgebäude (Siemens), Hofmannstraße 51
de Meuron, Pierre	107	Kunstsammlungsgebäude, Oberföhringer Straße 103 (mit Jacques Herzog)
Möller, Rüdiger	92	Wohnhaus, Erlkönigstraße 11
	96	Wohnhaus, Am Blütenring 16
Norkauer, Fritz	31	Wohnsiedlung Neuharlaching, Naupliastraße (mit Johann Lechner)
Paul, Bruno	23	Wohnhaus, Agnes-Bernauer-Straße 101
Pfaller, Jakob	29	Verwaltungsgebäude (Rhein-Main-Donau AG), Leopoldstraße 28
Riemerschmid, Richard	3	Wohnhaus, Lützowstraße 11
	6	Münchner Schauspielhaus, Maximilianstraße 26

	Nr.	
	19	Höhere Mädchenschule, Oselstraße 21
	30	Funkhaus Deutsche Stunde in Bayern, Rundfunkplatz 1
Rosenfeld, Rudolf	71	Paketposthalle, Arnulfstraße 195 (mit Herbert Zettel)
Roth, Harald	50	Fritz-Beck-Studentenhaus, Veterinärstraße 1
	58	Studentenwohnheim, Biedersteiner Straße 30 (mit Otto Roth)
Roth, Otto	58	Studentenwohnheim, Biedersteiner Straße 30 (mit Harald Roth)
Ruf, Sep	49	Wohn- und Geschäftshaus, Theresienstraße 46-48
	62	Amerikanisches Generalkonsulat, Königinstraße 6
	64	Max-Planck-Institut für Physik und Astrophysik, Föhringer Ring 6
	65	Katholische Kirche St. Johannes von Capistran, Gotthelfstraße 5
	68	Bayerische Staatsbibliothek, Ludwigstraße 16 (mit Hans Döllgast, Helmut Kirsten, Georg Werner)
Sattler, Christoph	89	Wohn- und Geschäftshaus, Feilitzschstraße 22-24 (mit Heinz Hilmer)
	101	Wohn- und Geschäftshaus, Kirchenstraße 1 (mit Heinz Hilmer)
	105	Wohnheim, Baaderstraße 88 (mit Heinz Hilmer)
Schachner, Richard	16	Großmarkthalle, Thalkirchner Straße 81
Schmitthenner, Paul	51	Wohnhaus, Schwedenstraße 16
Schröter, Adolf	82	Wohnhaus, Immergrünstraße 5
Schwanzer, Karl	74	Verwaltungsgebäude und Museum (Bayerische Motoren Werke), Petuelring 130
Seeck, Uli	35	Künstlerateliers, Zum Künstlerhof
SEP Baur, Jochen und **Deby, Patrick**	103	Wohnanlage, Groffstraße (mit Otto Steidle und Partner)
Seidlein, Peter C. von	99	Druckereigebäude (Süddeutscher Verlag), Zamdorfer Straße 40
Steffann, Emil	56	Katholische Kirche St. Laurentius, Nürnberger Straße 54
Steidle, Otto	72	Wohnanlage, Genter Straße 13 (mit Ralph und Doris Thut)
	81	Wohnanlage, Peter-Paul-Althaus-Straße 7-9
	85	Wohnanlage, Osterwaldstraße 65-69

	Nr.	
	103	Wohnanlage, Groffstraße (mit SEP Jochen Baur und Patrick Deby)
Teppert, Horst	102	Wohnhaus, Veroneser Straße 3
Then Bergh, Rudi und **Roswitha**	75	Wohnanlage, Kunigundenstraße 36
Thut, Ralph und **Doris**	72	Wohnanlage, Genter Straße (mit Otto Steidle und Partner)
	88	Wohnanlage, Neubiberger Straße 28-30
	90	Squashhalle, Pippinger Straße 25
Vorhoelzer, Robert	25	Paketpostzustellamt, Arnulfstraße 62
	37	Wohnsiedlung, Arnulfstraße
	38	Postamt (90), Tegernseer Landstraße 57
	39	Postamt (5), Fraunhoferstraße 22a
	40	Postamt (701), Am Harras 2
	41	Postamt (15), Goethe Platz 1
	47	Technische Universität (Mittelbau), Arcisstraße 21
Werner, Georg	68	Bayerische Staatsbibliothek, Ludwigstraße 16 (mit Hans Döllgast, Helmut Kirsten, Georg Werner)
Wiedemann, Josef	55	Verwaltungsgebäude (Allianz-Versicherung), Königinstraße 28
	66	Katholische Kirche Zur Heiligen Dreifaltigkeit, Maria-Ward-Straße 5
	73	Glyptothek (Instandsetzung), Königsplatz 3
	86	Katholische Kirche St. Ignatius, Guardinistraße 83
Winkler, Georg H.	63	Deutsches Patentamt, Zweibrückenstraße 12 (mit Franz Hart)
Wischer, Robert	80	Zentrale Hochschulsportanlage, Conollystraße 32 (mit Erwin Heinle und Partner)
Zeitler, Hansjürg	97	Eisenberg-Seniorenheim, Kaulbachstraße 65 (mit Helmut Bier und Hans Korn)
	106	Kindergarten, An der Tuchbleiche 24
Zettel, Herbert	71	Paketposthalle, Arnulfstraße 195 (mit Rudolf Rosenfeld)

Architekten-Biographien

Ackermann, Kurt (geb. 1928)

1949-1954	Studium am Oskar-von Miller-Polytechnikum und an der Technischen Hochschule in München
ab 1953	freischaffender Architekt in München (seit 1969 Ackermann und Partner)
1971	Gastprofessor an der Technischen Universität in Wien (Österreich)
1974	Gastprofessor an der Technischen Hochschule in Darmstadt
ab 1974	Professor an der Universität in Stuttgart
Quelle:	Ann Lee Morgan and Colin Naylor, Contemporary Architects, Chicago and London 1987

Behnisch, Günther (geb. 1922)

1939-1947	Militärdienst und Kriegsgefangenschaft
1947-1951	Studium an der Technischen Hochschule in Stuttgart
ab 1952	freischaffender Architekt in Stuttgart (seit 1966 Behnisch und Partner)
1967-1987	Professor an der Technischen Hochschule in Darmstadt
Quelle:	Ann Lee Morgan and Colin Naylor, Contemporary Architects, Chicago and London 1987

Bier, Helmut (geb. 1936)

1956-1961	Studium an der Technischen Hochschule in München
1962-1963	Mitarbeiter von Johannes Ludwig in München
1964-1965	Mitarbeiter von Andre Gomis in Paris (Frankreich)
ab 1966	freischaffender Architekt in München seit 1967 zusammen mit Hans Korn (und Hansjürg Zeitler 1977-1984)
Quelle:	eigene Angaben des Architekten

Borst, Bernhard (1883-1963)

1896-1899	Maurerlehre in München
1899-1903	Königliche Baugewerkschule in München
1903-1905	Militärdienst
1906-1908	Mitarbeiter bei verschiedenen Architekten
ab 1908	freischaffender Architekt und Bauunternehmer in München
1925	Gründer und Herausgeber der Zeitschrift *Baukunst* (erschienen bis 1931)
Quelle:	P. Schreiner, M. Michel, A.C. Woltmann, Die Borstei. Ein zeitloses Modell für ein menschliches Wohnen. München 1987

Branca, Alexander von (geb. 1919)

1946-1948	Studium an der Technischen Hochschule in München
1948-1950	Studium an der Eidgenössischen Technischen Hochschule in Zürich (Schweiz)
ab 1951	freischaffender Architekt in München
1972-1988	Kreisheimatpfleger der Stadt München
Quelle:	Fachhochschule München (Hg.), Alexander Freiherr von Branca, München 1979 (Katalog)

Dietrich, Richard J. (geb. 1938)

1960-1966	Studium an der Technischen Hochschule in München
1966-1968	Studium und Mitarbeiter von Konrad Wachsmann an der University of Southern California in Los Angeles (USA)
1969-1974	Leiter der industriellen Metastadt-Forschungs- und Entwicklungsgesellschaften

ab 1975	freischaffender Architekt in Bergwiesen und München
Quelle:	eigene Angaben des Architekten

Döllgast, Hans (1891-1974)

1910-1914	Studium an der Technischen Hochschule in München
1914-1918	Militärdienst
1919-1922	Mitarbeiter von Richard Riemerschmid in München
1922-1926	Mitarbeiter von Peter Behrens in Wien, Berlin und Frankfurt
ab 1927	freischaffender Architekt in München
1929-1939	Lehrbeauftragter an der Technischen Hochschule in München
1939-1956	Professor an der Technischen Hochschule in München
Quelle:	Technische Universität München und Bund Deutscher Architekten (Hg.), Hans Döllgast. 1891-1974, München 1987

Eiermann, Egon (1904-1970)

1923-1928	Studium an der Technischen Hochschule in Berlin
1928-1930	Mitarbeiter der Firma Karstadt in Hamburg und der Berliner Elektrizitätswerke in Berlin
1931-1945	freischaffender Architekt in Berlin
ab 1946	freischaffender Architekt in Mosbach und Karlsruhe
1947-1970	Professor an der Technischen Hochschule in Karlsruhe
Quelle:	Wulf Schirmer, Egon Eiermann 1904-1970, Stuttgart 1984

Fahr, Ekkehard Rouge (geb. 1934)

1952-1959	Studium an der Technischen Hochschule in Karlsruhe
1962-1965	Projektpartner bei Erich Roßmann in Karlsruhe
1966-1968	Projektpartner bei der Architektengemeinschaft ABS in Frankfurt
1970-1973	Leiter der Gruppe Architektur und Städtebau bei der Planungsgesellschaft Obermeyer in München
ab 1973	freischaffender Architekt in München
ab 1976	Professor an der Universität in Stuttgart
Quelle:	eigene Angaben des Architekten

Fick, Roderich (1886-1955)

1907-1910	Studium an der Technischen Hochschule in Zürich, Dresden und München
1910-1912	Mitarbeiter von Alexander von Senger in Zürich
1913	Teilnehmer einer schweizerischen Grönland-Expedition
1914-1919	Militärdienst und Kriegsgefangenschaft
ab 1920	freischaffender Architekt in Herrsching (Ammersee)
1927-1929	Assistent an der Technischen Hochschule in München
1936-1945	Professor an der Technischen Hochschule in München
1939-1940	Reichsbaurat für die Stadt Linz
Quelle:	Winfried Nerdinger, Süddeutsche Bautradition im 20. Jahrhundert, München 1985

Fischer, Theodor (1862-1938)

1880-1885	Studium an der Technischen Hochschule in München
1886-1889	Mitarbeiter von Paul Wallot in Berlin
1889-1893	freischaffender Architekt in Dresden
1893-1901	Vorstand des Stadterweiterungsbüros in München
1901-1908	Professor an der Technischen Hochschule in Stuttgart
1907	Gründungsmitglied und Erster Vorsitzender des *Deutschen Werkbundes* in München

1908-1928	Professor an der Technischen Hochschule in München
Quelle:	Winfried Nerdinger, Theodor Fischer. Architekt und Städtebauer 1862-1938, Berlin 1988

Gribl, Jörg (geb. 1941)

1965-1969	Studium an der Technischen Hochschule in München
ab 1973	freischaffender Architekt in München
ab 1983	freischaffender Architekt und Landschaftsarchitekt in München
Quelle:	eigene Angaben des Architekten

Hart, Franz (geb. 1910)

1929-1934	Studium an der Technischen Hochschule in München
1935-1942	Mitarbeiter als Statiker und Konstrukteur von R. Haberäcker in München und Dortmund
1942-1945	Militärdienst
ab 1945	freischaffender Architekt und Schriftgraphiker in München
1946-1948	Lehrbeauftragter an der Technischen Hochschule in München
1948-1979	Professor an der Technischen Hochschule in München
Quelle:	eigene Angaben des Architekten

Herzog, Jacques (geb. 1950)

1970-1975	Studium an der Eidgenössischen Technischen Hochschule in Lausanne und Zürich (Schweiz)
1977-1978	Assistent bei Dolf Schnebli an der Eidgenössischen Technischen Hochschule in Zürich (Schweiz)
ab 1978	freischaffender Architekt in Basel (Schweiz), zusammen mit Pierre de Meuron
1983	Gastprofessor an der Cornell University in Ithaca (USA)
1989	Gastprofessor an der Harvard University in Cambridge (USA)
1991	Gastprofessor an der Tulane University in New Orleans (USA)
Quelle:	Wilfried Wang, Herzog & de Meuron, Zürich 1992

Herzog, Thomas (geb. 1941)

1960-1965	Studium an der Technischen Hochschule in München
1965-1969	Mitarbeiter von Peter C. von Seidlein in München
1969-1971	Assistent bei Professor Sulzer an der Universität in Stuttgart
ab 1971	freischaffender Architekt in München
1971-1972	Studienaufenthalt in der Villa Massimo und Promotion an der Universität in Rom (Italien)
1973-1993	Professor an der Universität Gesamthochschule in Kassel
ab 1993	Professor an der Technischen Universität in München
Quelle:	eigene Angaben des Architekten

Hilmer, Heinz (geb. 1936)

1957-1963	Studium an der Technischen Hochschule in München
1963-1968	Beamter bei der Bayerischen Staatsbauverwaltung
1968-1978	Mitarbeiter bei der Neuen Heimat Bayern in München
ab 1978	freischaffender Architekt in München, zusammen mit Christoph Sattler
Quelle:	Architekten in München. 8 Positionen, München 1978 (Katalog zur Ausstellung im Kunstforum Maximilianstraße)

Kiessler, Uwe (geb. 1937)

1956-1961	Studium an der Technischen Hochschule in München
ab 1962	freischaffender Architekt in München
1981-1990	Professor an der Fachhochschule in München
ab 1990	Professor an der Technischen Universität in München
Quelle:	Architekten in München. 8 Positionen, München 1978 (Katalog zur Ausstellung im Kunstforum Maximilianstraße)

Korn, Hans (geb. 1935)

1956-1962	Studium an der Technischen Hochschule in München
1963-1967	Mitarbeiter von Herbert Korn in München
ab 1967	freischaffender Architekt in München, zusammen mit Helmut Bier (und Hansjürg Zeitler 1977-1984)
ab 1988	Professor an der Fachhochschule in Düsseldorf
Quelle:	eigene Angaben des Architekten

Küttinger, Georg (geb.1931)

1955-1959	Studium an der Technischen Hochschule in München
1959-1963	Mitarbeiter von Gerhard Weber in München
1963-1969	Assistent bei Gerhard Weber an der Technischen Hochschule in München
ab 1966	freischaffender Architekt in München, zusammen mit Ingrid Küttinger
1976-1993	Professor an der Technischen Universität in München
Quelle:	eigene Angaben des Architekten

Leitenstorfer, Hermann (1886-1972)

1904-1908	Studium an der Technischen Hochschule in München
1908-1912	Mitarbeiter von Gabriel von Seidl und Friedrich von Thiersch in München
1912-1920	Assistent bei Theodor Fischer an der Technischen Hochschule in München
1920-1928	Mitarbeiter beim Hochbauamt der Stadt München
1928-1947	Leiter der Abteilung I des Hochbauamtes der Stadt München
1947-1948	Stadtbaurat in München
1948-1950	Lehrtätigkeit an der Technischen Hochschule in München
1950-1955	Professor an der Technischen Hochschule in München
Quelle:	Winfried Nerdinger (Hg.), Architekturschule München 1868-1993. 125 Jahre Technische Universität München, München 1993 (Katalog)

Littmann, Max (1862-1931)

1880-1885	Studium an der Gewerbeakademie in Chemnitz und an der Technischen Hochschule in Dresden
1888-1891	freischaffender Architekt in München
1891-1908	künstlerischer Leiter in der Baufirma seines Schwiegervaters Jacob Heilmann in München
ab 1908	freischaffender Architekt in München
Quelle:	Georg Jacob Wolf, Max Littmann 1862-1931, München 1931

Luckhardt, Hans (1890-1954)

	Studium an der Technischen Hochschule in Karlsruhe
1919	Mitglied im *Arbeitsrat für Kunst* und in der *Novembergruppe* in Berlin

ab 1921	freischaffender Architekt in Berlin, zusammen mit Wassili Luckhardt (und mit Alfons Anker 1924-1937)
1926	Mitglied in der Architektenvereinigung *Der Ring*
ab 1952	Professor an der Hochschule für Bildende Künste in Berlin
Quelle:	Von der futuristischen zur funktionellen Stadt. Planen und Bauen in Europa 1913-1933, Berlin 1978 (Katalog zur Ausstellung der Akademie der Künste, Berlin)

Luckhardt, Wassili (1889-1972)

	Studium an der Technischen Hochschule in Dresden und Berlin
1919	Mitglied im *Arbeitsrat für Kunst* und in der *Novembergruppe* in Berlin
1921-1954	freischaffender Architekt in Berlin, zusammen mit Hans Luckhardt (und mit Alfons Anker 1924-1937)
1926	Mitglied in der Architektenvereinigung *Der Ring*
Quelle:	Von der futuristischen zur funktionellen Stadt. Planen und Bauen in Europa 1913-1933, Berlin 1978 (Katalog zur Ausstellung der Akademie der Künste, Berlin)

Ludwig, Johannes (geb. 1904)

1924-1929	Studium an der Technischen Hochschule in München
1929-1931	Assistent bei Clemens Holzmeister an der Akademie der Bildenden Künste in Düsseldorf
1931-1935	freischaffender Architekt in Meran
1935-1937	Mitarbeiter von Gustav Ludwig in München
1937-1955	freischaffender Architekt in München, Trostberg und Mühldorf
1955-1957	Professor an der Technischen Hochschule in Wien (Österreich)
1957-1973	Professor an der Technischen Hochschule in München
Quelle:	Lehrstuhl für Entwerfen, Raumgestaltung und Sakralbau der Technischen Universität München (Hg.), Johannes Ludwig. Bauten, Projekte, Möbel, München 1984

Meier, Richard (geb. 1934)

1953-1957	Studium an der Cornell University in Ithaca (USA)
1957	Mitarbeiter von Frank Grad and Sons in New Jersey (USA)
1958-1959	Mitarbeiter von Davis, Brody and Wisniewski in New York (USA)
1960-1963	Mitarbeiter von Marcel Breuer and Associates in New York (USA)
ab 1963	freischaffender Architekt in New York (USA) und verschiedene Gastprofessuren an Universitäten in den USA
Quelle:	Ann Lee Morgan and Colin Naylor, Contemporary Architects. Chicago and London 1987

Meuron, Pierre de (geb.1950)

1970-1975	Studium an der Eidgenössischen Technischen Hochschule in Lausanne und Zürich (Schweiz)
ab 1978	freischaffender Architekt in Basel (Schweiz), zusammen mit Jacques Herzog
1989	Gastprofessor an der Harvard University in Cambridge (USA)
1991	Gastprofessor an der Tulane University in New Orleans (USA)
Quelle:	Wilfried Wang, Herzog & de Meuron, Zürich 1992

Möller, Rüdiger (geb. 1940)

1960-1966	Studium an der Technischen Hochschule in München
1968-1975	Assistent bei Johannes Ludwig und Friedrich Kurrent an der Technischen Hochschule in München
ab 1976	freischaffender Architekt in München
ab 1985	Professor an der Fachhochschule in München
Quelle:	eigene Angaben des Architekten

Paul, Bruno (1874-1968)

1892-1894	Studium an der Kunstgewerbeschule und an der Akademie der Bildenden Künste in Dresden
1894-1896	Studium an der Akademie der Bildenden Künste in München
1896-1907	freischaffender Illustrator und Möbelentwerfer in München
1898	Gründungsmitglied der *Vereinigten Werkstätten für Kunst im Handwerk* in München
1907	Gründungsmitglied des *Deutschen Werkbundes* in München
1907-1924	Leiter der Unterrichtsanstalt des Kunstgewerbemuseums in Berlin
1933-1944	freischaffender Architekt in Berlin
1945-1951	freischaffender Architekt in Schloß Wiesenburg, Dresden-Hellerau und Höxter
1951-1957	freischaffender Architekt in Düsseldorf
ab 1957	freischaffender Architekt in Berlin
Quelle:	Alfred Ziffer (Hg.), Bruno Paul. Deutsche Raumkunst und Architektur zwischen Jugendstil und Moderne, München 1992

Riemerschmid, Richard (1868-1957)

1888-1890	Studium an der Akademie der Bildenden Künste in München
1890-1901	freischaffender Kunstmaler und Möbelentwerfer in München
1898	Gründungsmitglied der *Vereinigten Werkstätten für Kunst im Handwerk* in München
ab 1901	freischaffender Architekt und Möbelentwerfer in München
1902	Gründungsmitglied der *Deutschen Gartenstadtgesellschaft*
1907	Gründungsmitglied des *Deutschen Werkbundes* in München
1913-1924	Direktor der Kunstgewerbeschule in München
1926-1931	Direktor der Werkschulen in Köln
Quelle:	Winfried Nerdinger (Hg.), Richard Riemerschmid. Vom Jugendstil zum Werkbund, München 1982

Roth, Harald (1910-1991)

1931-1936	Studium an der Technischen Hochschule in München
1936	Mitarbeiter von Paul Schmitthenner in Stuttgart und Roderich Fick in Herrsching (Ammersee)
1936-1939	Mitarbeiter von Franz Ruff in Nürnberg
1939-1944	Mitarbeiter von Paul Bonatz und Hermann Giesler in München
1944-1945	Militärdienst
ab 1945	freischaffender Architekt in München
1948-1953	Professor an der Akademie der Bildenden Künste in München
1956-1976	Leiter der Meisterschule für das Schreinerhandwerk in München
Quelle:	eigene Angaben des Architekten

Ruf, Sep (1908-1982)

1926-1931	Studium an der Technischen Hochschule in München
ab 1931	freischaffender Architekt in München

1947-1953	Professor an der Akademie der Bildenden Künste in Nürnberg
1953-1972	Professor an der Akademie der Bildenden Künste in München
Quelle:	Hans Wichmann, Sep Ruf. Bauten und Projekte, Stuttgart 1986

Sattler, Christoph (geb. 1938)

1957-1963	Studium an der Technischen Hochschule in München
1963-1965	Studium am Illinois Institute of Technology und Mitarbeiter von Mies van der Rohe in Chicago (USA)
1966-1973	Mitarbeiter bei der Neuen Heimat Bayern in München
ab 1974	freischaffender Architekt in München, zusammen mit Heinz Hilmer
Quelle:	Architekten in München. 8 Positionen, München 1978 (Katalog zur Ausstellung im Kunstforum Maximilianstraße)

Schachner, Richard (1873-1936)

1892-1896	Studium an der Technischen Hochschule in München
1896-1899	Praktikum bei Bauämtern in München und Bamberg
1903-1917	Leiter der Abteilung II des Hochbauamtes der Stadt München
1917-1936	Professor an der Technischen Hochschule in München
Quelle:	Winfried Nerdinger (Hg.). Architekturschule München 1868-1993. 125 Jahre Technische Universität München, München 1993 (Katalog)

Seidlein, Peter C. von (geb. 1925)

1946-1950	Studium an der Technischen Hochschule in München
1951-1952	Studium am Illinois Institute of Technology in Chicago (USA)
1954-1956	Mitarbeiter von Egon Eiermann in Karlsruhe und Gerhard Weber in München
1956-1959	Assistent bei Gustav Hassenpflug an der Technischen Hochschule in München
ab 1959	freischaffender Architekt in München
ab 1974	Professor an der Universität in Stuttgart
Quelle:	eigene Angaben des Architekten

Steidle, Otto (geb. 1943)

1962-1965	Studium an der Staatsbauschule in München
1965	Studium an der Akademie der Bildenden Künste in München
ab 1966	freischaffender Architekt in München
1979-1981	Professor an der Gesamthochschule in Kassel
ab 1981	Professor an der Technischen Universität in Berlin
Quelle:	Architekten in München. 8 Positionen, München 1978 (Katalog zur Ausstellung im Kunstforum Maximilianstraße)

Teppert, Horst (geb. 1941)

1967-1972	Studium an der Technischen Hochschule in München
ab 1973	freischaffender Architekt in München
ab 1990	Professor an der Fachhochschule in Konstanz
Quelle:	eigene Angaben des Architekten

Then Bergh, Rudi (geb. 1937)

1956-1962	Studium an der Technischen Hochschule in München
1963-1970	Mitarbeiter von Franz Kießling in München
ab 1970	freischaffender Architekt in München, zusammen mit Roswitha Then Bergh bis 1988

1978-1980	Assistent bei Hermann Schröder an der Technischen Universität in München
ab 1983	Lehraufträge an der Fachhochschule in München und Rosenheim

Thut, Doris (geb. 1945)

1964-1968	Studium an der Akademie der Bildenden Künste in Wien (Österreich) und München
1969-1971	Zusammenarbeit mit Otto Steidle in München
ab 1972	freischaffende Architektin in München, zusammen mit Ralph Thut
1985	Gastprofessorin am Massachusetts Institute of Technology in Cambridge (USA)
ab 1990	Professorin an der Fachhochschule in München
Quelle:	eigene Angaben der Architektin

Thut, Ralph (geb. 1943)

1964-1968	Studium an der Akademie der Bildenden Künste in Wien und München
1969-1971	Zusammenarbeit mit Otto Steidle in München
ab 1972	freischaffender Architekt in München, zusammen mit Doris Thut
1985	Gastprofessor am Massachusetts Institute of Technology in Cambridge (USA)
ab 1990	Professor an der Ingenieurschule in Biel (Schweiz)
Quelle:	eigene Angaben des Architekten

Vorhoelzer, Robert (1884-1954)

1904-1908	Studium an der Technischen Hochschule in München
1908-1910	Praktikum beim Landbauamt in München
1910-1911	Assistent bei Karl Hocheder an der Technischen Hochschule in München
1911-1920	Beamter bei der Deutschen Reichsbahn in Augsburg und München
1916-1918	Militärdienst
1920-1930	Leiter der Bauabteilung bei der Oberpostdirektion in München
1930-1933	Professor an der Technischen Hochschule in München
1933-1938	freischaffender Architekt in München
1939-1941	Lehrtätigkeit an der Akademie der Bildenden Künste in Istanbul (Türkei)
1942-1945	Militärdienst
1946-1952	Professor an der Technischen Hochschule in München
Quelle:	Winfried Nerdinger (Hg.), Architekturschule München 1868-1993. 125 Jahre Technische Universität München. München 1993 (Katalog)

Werner, Georg (1894-1964)

1912-1914	Studium an der Technischen Hochschule in München
1914-1918	Militärdienst
1918-1920	Studium an der Technischen Hochschule in München
1920-1926	Beamter bei der Bauabteilung der Oberpostdirektion in München
1926-1935	Leiter der Bauabteilung bei der Oberpostdirektion in Augsburg
1935-1945	Architekt beim Reichspostministerium in Berlin
1946-1948	freischaffender Architekt in München
1948-1950	Stadtbaurat in Augsburg
1950-1960	Professor an der Technischen Hochschule in München
Quelle:	Winfried Nerdinger (Hg.), Architekturschule München 1868-1993. 125 Jahre Technische Universität München, München 1993 (Katalog)

Wiedemann, Josef (geb. 1910)

1930-1935	Studium an der Technischen Hochschule und Praktikum bei Robert Vorhoelzer in München
1936-1944	Mitarbeiter von Roderich Fick in München
1944-1946	Militärdienst und Kriegsgefangenschaft
ab 1946	freischaffender Architekt in München
1955-1976	Professor an der Technischen Universität in München
Quelle:	eigene Angaben des Architekten

Zeitler, Hansjürg (geb. 1937)

1957-1963	Studium an der Technischen Hochschule in München
1959-1960	Mitarbeiter von Alexander von Branca in München
1963-1965	Studium an der University of Pennsylvania und Mitarbeiter von Louis Kahn in Philadelphia (USA)
1966-1972	Assistent bei Fred Angerer an der Technischen Universität in München
1973-1974	Technischer Leiter bei der Wohnungsbaugesellschaft Gewoplan in München
ab 1974	freischaffender Architekt in München (1974-1976 zusammen mit Thomas Weil, 1977-1984 zusammen mit Helmut Bier und Hans Korn)
Quelle:	eigene Angaben des Architekten

Übersichtskarten

Angerlohe
42
22
27
56
103
Botanischer Garten
66
Schloßpark
52
Nymphenburg
3
90
19
36
34
35
Hirschgarten
71
37
13
17
23
59
15

Hirschau
Englischer
Garten
96
64
93
80
74
21
100
77
95
79
76
78
48
81
85
72
75
58
107
106
8
51
2
1
44
14
89
7
29
55
83
61
54
97
60
46
47
60
49
68
9
73
62
30
69
25
4
45
67
5
65
10
18
99
98
11
6
70
12
28
57
63
101
41

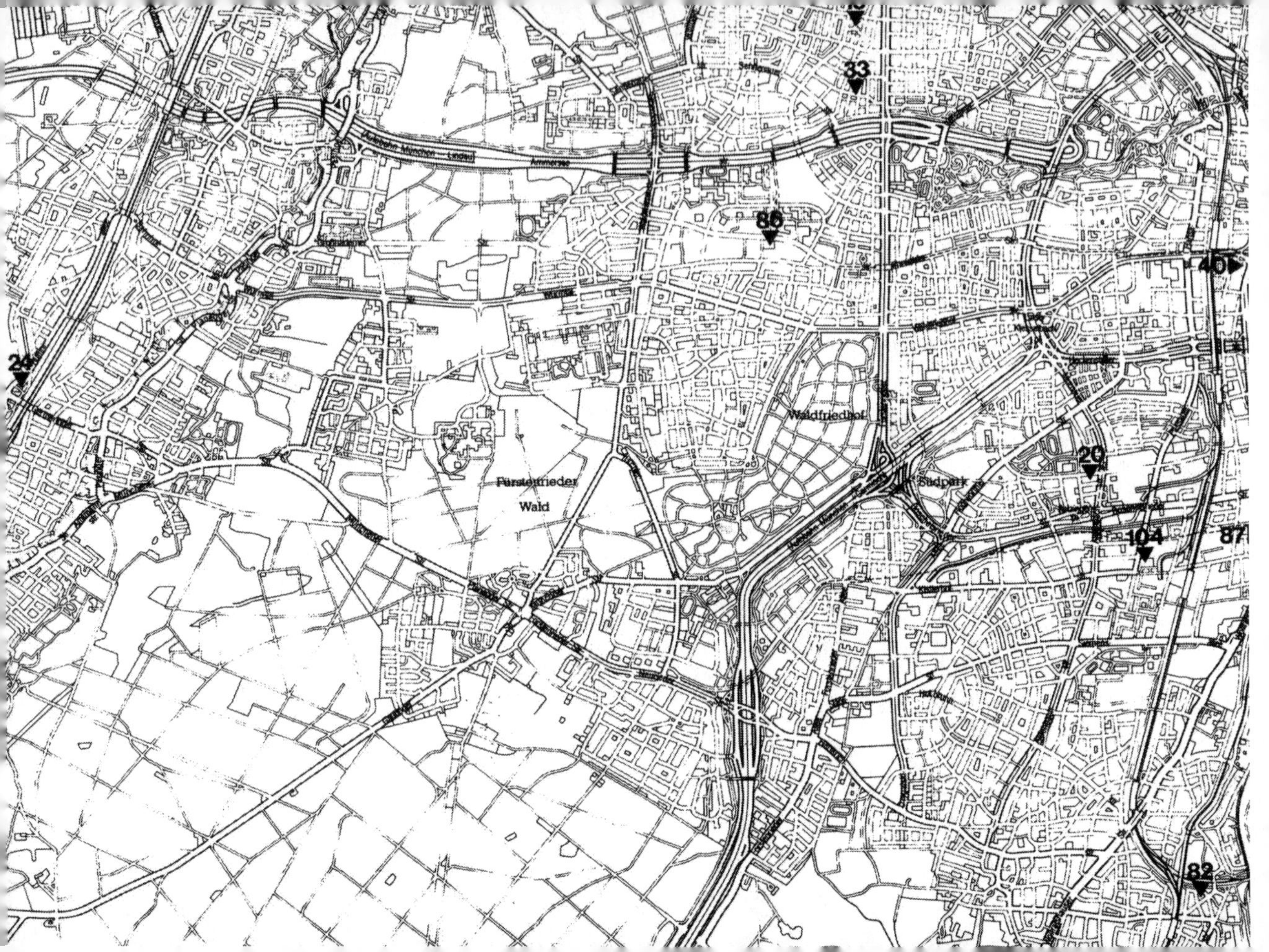

33
86
40
24
Autobahn München – Lindau
Ammersee
Waldfriedhof
Südpark
20
104
87
Fürstenrieder
Wald
82

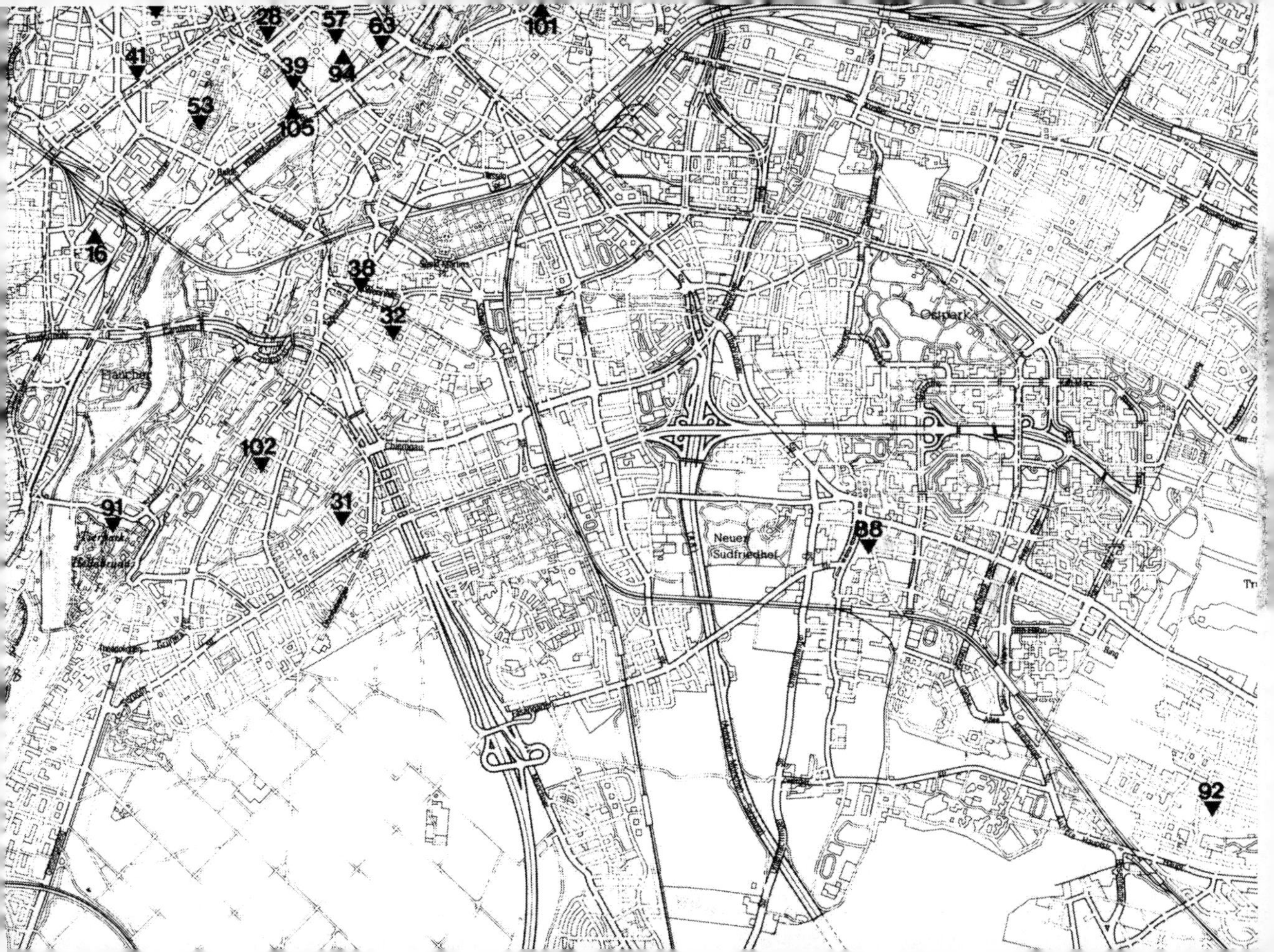
28
57
63
101
41
39
94
53
105
16
38
32
Ostpark
102
91
31
88
Neuer
Südfriedhof
92

Zeitfracht Medien GmbH
Ferdinand-Jühlke-Straße 7
99095 Erfurt, Deutschland
produktsicherheit@kolibri360.de